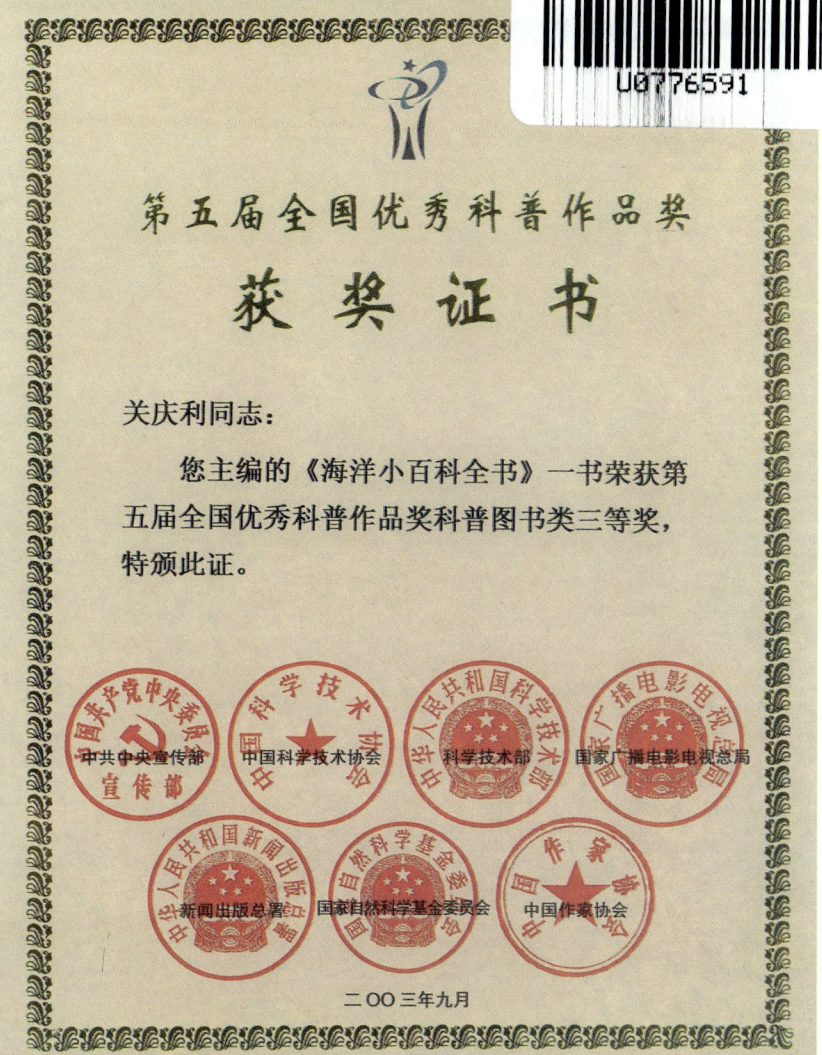

《海洋小百科全书》于2002年5月出版,2003年9月被中国共产党中央委员会宣传部、中国科学技术协会、中华人民共和国科学技术部、国家广播电影电视总局、中华人民共和国新闻出版总署、国家自然科学基金委员会、中国作家协会联合授予"第五届全国优秀科普作品奖科普图书类三等奖"。本书于2007年10月修订再版,现再次修订,由中山大学出版社出版。

《海洋小百科全书》荣获"第五届全国优秀科普作品奖"

海洋 小百科 全书

主　编　关庆利
副主编　丁玉柱　彭　垣

海洋工程

韩树宗　王树青　徐宋娟　编著

中山大学出版社
·广州·

版权所有　翻印必究

图书在版编目(CIP)数据

海洋工程/韩树宗,王树青,徐宋娟编著. —广州:中山大学出版社,2012.1

(海洋小百科全书/关庆利主编)

ISBN 978-7-306-03562-2

Ⅰ.①海… Ⅱ.①韩… ②王… ③徐… Ⅲ.①海洋工程–普及读物 Ⅳ.①P75-49

中国版本图书馆 CIP 数据核字(2009)第 221847 号

出 版 人:	徐　劲
策划编辑:	蔡浩然
责任编辑:	蔡浩然
装帧设计:	杨桂荣　贾　萌
责任校对:	钟永源
责任技编:	何雅涛
出版发行:	中山大学出版社
电　　话:	编辑部 020 - 84111996, 84113349 发行部 020 - 84111998, 84111981, 84111160
地　　址:	广州市新港西路 135 号
邮　　编:	510275　　**传　真**: 020 - 84036565
网　　址:	http://www.zsup.com.cn　E-mail: zdcbs@mail.sysu.edu.cn
印 刷 者:	佛山市浩文彩色印刷有限公司
规　　格:	880mm×1230mm　1/32　10.25 印张　220 千字　4 插页
版次印次:	2012 年 1 月第 1 版 2014 年 4 月第 4 次印刷
定　　价:	20.40 元

如发现本书因印装质量影响阅读,请与出版社发行部联系调换

海洋工程

▲ 青岛海滨

▲ 装甲潜水

▶ 投放水下工作舱

▲ 潜水员水下作业

海洋小百科全书　　海洋工程

▲ 壮观的香港海上皇宫

▲ 岸边防波堤

▲ 游艇码头

▲ 围海造田

海洋工程

▲ 集装箱码头

海上平台迁移 ▼

比翼双飞的跨海大桥 ▼

繁忙的大连港 ▼

海洋小百科全书　　海洋工程

▲ 水下工作舱

▲ 大连老铁山灯塔

▲ 青岛澳帆赛赛场

▶ 「海底客车」号旅游潜艇

序言

海洋是人类的母亲,也是人类千万年来取之不尽、用之不竭的巨大资源宝库。在人类赖以生存的蓝色星球——地球上,蔚蓝色的海洋占有约71%的总面积。

雄踞在这颗蓝色星球的东方、浩瀚无垠的太平洋西岸上的中华人民共和国,不仅拥有960万平方千米的陆地国土,而且还拥有300万平方千米的海洋国土,有着1.8万千米绵延曲折的海岸线。在这浩瀚的蓝色国土上,珍珠般地镶嵌着大大小小6500多个美丽而富饶的岛屿。

勤劳勇敢的中华民族,在古代就凭着自己卓越的智慧和创造力,伐木成舟,劈波斩浪,牵星观月,远渡重洋,以举世瞩目的海洋文明跻身于世界航海强国的民族之林。

21世纪是海洋的世纪,21世纪的主人翁就是今天的青少年朋友。他们不仅是我国的未来和希望,而且必定是21世纪振兴经济和提升海洋科技的主力军。海洋将是青少年朋友报效祖国、振兴中华民族大显身手的辉煌舞台。只有帮助青少年及早地以科学的眼光认识世界的发展,科学地把握未来,早日加入到海洋开发建设的队伍中来,才能更好地发展我国的海洋经济,捍卫我国的海洋权益。未来是海洋的时代,只有让广大的青少年了解海洋、接近海洋、认识海洋,才能把握海洋、开发海洋、利用海洋和捍卫海洋权益,为祖国的海洋开发建设作贡献，为中华民族的子孙后代造福。为了提高中华民族的海洋文化素质，再铸中华民族海洋文明的辉煌，使我国成为21世纪的海洋强国，有识之士必须从现在做起，从青少年抓起，全面培养我国青少年的海洋意识，普及海洋科学知识，提高海洋科技技能，增强蓝色国土观念和捍卫海洋权益的责任感、使命感。从这个意义上说，在人类进入21世纪的伟大时代，在全球开始创造海洋经济的伟大时刻，在世界日益关注海洋权益的今天，出版这套经过缜密修订的全面、系统、科学地介绍海洋知识的《海洋小百科全书》，无疑是奉献给我国青少年朋友的一份珍贵礼物，是激发青少年的海洋兴趣、增长海洋知识、普及海洋文化、宣传海洋文明、提高海洋素质、促进海洋教育所做的一件功在当代、利在千秋的非常具有实践成就和指导意义的工作。

绚丽多姿的海洋召唤着青少年朋友们去探索和揭秘，无穷无尽的海洋宝藏等待着有志于海洋事业的青少年朋友们去开发和利用。这套图文并茂、深入浅出的《海洋小百科全书》，必将以丰富的知识性、深刻的思想性和高雅的趣味性，成为青少年朋友在蓝色海洋里成长、成才的良师益友。

祝愿青少年朋友读完这套书后能够早日成为大海的骄子，为把祖国建设成伟大的海洋经济强国和海洋科技强国贡献自己宝贵的青春和智慧。

国家海洋局局长：孙志辉

2010年4月6日

海洋工程

目 录

一、人类水下生活

1. 人类为什么要到水下居住？ ………………………… (2)
2. 人类能够在水下生活吗？ …………………………… (3)
3. 人类为什么能在水下生活？ ………………………… (3)
4. 什么是"饱和潜水"？ ………………………………… (4)
5. 世界上第一座水下住房是什么时候诞生的？ ……… (5)
6. 法国的"大陆架Ⅰ号"成功之处在哪里？ …………… (6)
7. 库斯托共建造了几座"大陆架站"？ ………………… (7)
8. 库斯托设计的"大陆架"水下住房有什么特点？ …… (8)
9. 世界上唯一的一座海底村庄是哪一座？ …………… (9)
10. "海星宅"的交通工具是什么？ ……………………… (10)
11. 水下生活的感受如何？ ……………………………… (10)
12. 乔治·邦德的水下生活实验室有什么特殊性？ …… (12)
13. 水下住房里潜水员的工作效率如何？ ……………… (13)
14. 深度最大的水下住房是哪一个？ …………………… (14)
15. 水下住房在结构上有什么共同特点？ ……………… (15)
16. 水下住房的类型有哪些？ …………………………… (16)
17. 有可以"自行运动"的水下住房吗？ ………………… (17)
18. 建造水下住房必须具备哪些条件？ ………………… (18)
19. 水下住房非要做成钢壳不可吗？ …………………… (19)
20. 怎样向远离海岸的水下住房供电？ ………………… (19)
21. 世界上第一座海底酒店建在哪里？ ………………… (20)

22. "凡尔纳海底酒店"的房间结构是怎样的？……………（21）
23. 怎样做客"凡尔纳海底酒店"？…………………………（22）
24. 现在的海底酒店是什么样的？…………………………（23）
25. 未来的水下城市是什么样的？…………………………（24）
26. 希尔威兹的海底城市将怎样建造？……………………（25）
27. 日本的海洋工程学家设计的海底城市是怎样的？……（26）
28. 未来海底的交通工具有哪些种类？……………………（27）
29. 世界上第一架能在深海飞行的水下飞机是谁研制的？
　　……………………………………………………………（28）

二、探索海底世界

30. 人类潜水始于什么时候？………………………………（30）
31. 潜水对人类有何意义？…………………………………（31）
32. 人类利用装备潜水始于什么时候？……………………（32）
33. 你知道画坛巨匠达·芬奇与潜水的渊源吗？…………（33）
34. 古代的"鲛人"采用什么样的潜水方式？……………（33）
35. 人类深入海洋的"拦路虎"有哪些？…………………（34）
36. 潜水钟为什么能够用于潜水？…………………………（35）
37. 谁设计了世界上第一台实用的潜水钟？………………（36）
38. 最早的潜水护目镜是用什么做成的？…………………（37）
39. 古老的水下呼吸器是用什么材料做成的？……………（37）
40. 谁发明了被称为现代水下呼吸器的"水肺"？………（38）
41. 20世纪最出名的潜水专家是谁？………………………（39）
42. 谁发明了世界上第一套潜水服？………………………（40）
43. 你知道装甲潜水服是什么样的？………………………（41）
44. 减压舱在潜水中有什么作用？…………………………（42）

45. 最简单的轻型潜水装具是什么样的? …………… (43)
46. 重潜水和轻潜水有什么不同? ………………… (44)
47. 什么是间接潜水? ……………………………… (45)
48. 什么是无人潜水技术? ………………………… (46)
49. 自携空气轻潜装有哪两种? …………………… (46)
50. 为什么说"电子肺"是当今世界上最先进的潜水
　　装具? …………………………………………… (47)
51. 水下婚礼是怎样举行的? ……………………… (48)
52. 水下竞技运动是怎样进行的? ………………… (49)
53. 木桶潜水器产生于什么时代? ………………… (50)
54. 哪种潜水装具最好? …………………………… (51)
55. 人类潜水的极限深度是多少? ………………… (51)
56. 引起潜水病的真正原因是什么? ……………… (52)
57. 怎样消除潜水病? ……………………………… (53)
58. 潜水时怎样消除深部麻醉病? ………………… (54)
59. 气球飞行员皮卡德对深海潜水作了什么样的
　　贡献? …………………………………………… (55)
60. 皮卡德深潜器的性能如何? …………………… (56)
61. 世界著名的载人深潜器有哪些? ……………… (57)
62. 无人驾驶深潜器有哪些? ……………………… (58)
63. 最先进的无人深海探测器是哪一个? ………… (59)
64. 潜艇一定是用于战争的吗? …………………… (60)
65. 世界上最早的潜艇是由谁建造的? …………… (61)
66. 潜水对海洋生物学家们有什么帮助? ………… (62)
67. 水下考古诞生于什么时候? …………………… (63)
68. 水下考古的黄金时代是什么时候? …………… (63)
69. 在茫茫大海上怎样打捞沉船? ………………… (65)
70. 抗战时触礁的日本军火船是怎样被打捞上来的? …… (65)
71. 美国高空侦察机是怎样被打捞上来的? ……… (66)

72. 失踪的氢弹是怎样找到的? …………………………(66)
73. 人类历史上最惊心动魄的打捞是怎样完成的? ……(67)

三、雄伟近岸工程

74. 什么是海洋工程? …………………………………(70)
75. 世界海洋工程建设始于什么时候? …………………(70)
76. 什么是"新型海洋工程"? …………………………(71)
77. 海洋工程会不会对海洋环境带来影响? ……………(72)
78. 海洋工程需要解决的问题包括哪几个方面? ………(73)
79. 荷兰有哪两大闻名于世的海洋工程? ………………(73)
80. 世界上最大的防潮闸建在哪里? ……………………(74)
81. 你知道什么是海岸工程吗? …………………………(75)
82. 我国古代的海塘是什么样的? ………………………(76)
83. 最大的船坞有多大? …………………………………(76)
84. 防治海港淤积的工程措施有哪些? …………………(77)
85. 什么是海上疏浚? ……………………………………(78)
86. 为什么说保滩工程在海岸防护中非常重要? ………(79)
87. 怎样修建人工沙滩? …………………………………(79)
88. 什么是近海工程? ……………………………………(80)
89. 近海工程的种类有哪些? ……………………………(80)
90. 日本的填海工程取得了哪些成果? …………………(81)
91. 荷兰的一半国土是怎样得来的? ……………………(82)
92. 美国的填海造地取得了哪些成果? …………………(83)
93. 我国有哪些地方是填海造出来的? …………………(84)
94. 香港的开山填海工程取得了哪些成果? ……………(85)
95. 香港新机场是怎样建成的? …………………………(86)

96. 澳门填海造陆获得的土地面积有多大? ………… (87)
97. 我国第一个填海机场是怎样建成的? ………… (88)
98. 世界四大运河工程是指哪些运河? ………… (88)
99. 苏伊士运河是如何建成的? ………………… (89)
100. 巴拿马运河工程有什么特点? ……………… (90)
101. 修建巴拿马运河有什么意义? ……………… (91)
102. 你知道我国古代的通海运河吗? …………… (92)
103. 谁是航海的领路人? ………………………… (93)
104. 灯塔的发展历程如何? ……………………… (94)
105. 历史上著名的灯塔有哪些? ………………… (95)
106. 为什么把亚历山大灯塔称为世界七大奇迹
之一? ………………………………………… (96)
107. 倒塌的亚历山大灯塔的遗迹是怎样找到的? … (97)
108. 你听说过"希罗灯塔"的动人故事吗? ……… (98)
109. 哪一位科学家因灯塔而获得诺贝尔物理奖? … (98)
110. "地中海的航标灯"位于什么地方? ………… (98)
111. 怎样才能拯救19世纪最高的灯塔? ………… (99)
112. 世界上最亮的灯塔有多亮? ………………… (100)
113. 世界上第一盏波力发电航标灯是哪年建成的? …… (101)
114. 亚洲第一大灯塔建在哪里? ………………… (101)
115. 花鸟灯塔怎样惩罚了侵略者? ……………… (102)
116. 我国最早的航标和灯塔出现在什么时候? … (103)
117. 我国最早的近代灯塔建于哪一年? ………… (103)
118. 我国自行设计建造的第一座灯塔是哪一座? … (103)
119. 我国第一艘导航波力发电航标灯船有什么
特点? ………………………………………… (104)
120. 我国为什么要在南沙群岛海域建设航标灯? … (104)
121. 俄罗斯最古老的灯塔是哪一座? …………… (105)
122. 海水入侵是怎样发生的? …………………… (106)

123. 海水入侵会造成什么危害？……………………（107）
124. 怎样防治海水入侵？……………………………（108）
125. 防波堤在防治海水入侵中有什么作用？………（109）
126. 你听说过空气防波堤吗？………………………（110）
127. 为什么要建造水下防波堤？……………………（111）
128. 哪一个海堤被誉为我国古代三大工程之一？…（112）
129. 范公堤是怎样建成的？…………………………（112）
130. 我国苏北有哪三条著名的海堤？………………（113）
131. 世界著名水城威尼斯面临什么难题？…………（114）
132. 什么是"新威尼斯"工程？………………………（116）
133. 南极科学考察站的建筑物有什么特点？………（117）
134. 哪座港口城市因建筑材料而被毁灭？…………（118）
135. 海水也能拌制混凝土吗？………………………（119）
136. 水下焊接与陆上焊接有什么不同？……………（119）

四、海上铸造希望

137. 为什么要开凿海底隧道？………………………（123）
138. 世界上最早建成的海底隧道是哪一条？………（123）
139. 青函海底隧道在施工中采用了哪些技术？……（124）
140. 你知道著名的英吉利海峡隧道吗？……………（125）
141. 英吉利海峡隧道中采用了什么样的降温
    措施？…………………………………………（126）
142. 香港到九龙半岛的海底隧道有哪些？…………（127）
143. 海底隧道的施工方法有哪些？…………………（128）
144. 隧道能悬浮于海中吗？…………………………（129）
145. 海中悬浮隧道将面临哪些工程技术问题？……（130）

146. 世界上将要兴建的海底隧道还有哪些？ ………… (131)
147. 人类建造桥梁的本领是从哪儿学来的？ ………… (132)
148. 我国古代人民利用潮汐建成的桥梁是哪一座？ ……………………………………… (133)
149. 世界上著名的跨海大桥有哪些？ ………………… (133)
150. 世界最长的跨海公路大桥在哪里？ …………… (134)
151. 最长的铁路和公路两用跨海大桥是哪一座？ … (135)
152. 世界上最长的吊桥有多长？ ……………………… (136)
153. 香港青马大桥为什么被称为世界第一钢索桥？ ……………………………………… (136)
154. 连接欧亚两大洲的跨海大桥建在哪里？ ……… (137)
155. 美国著名的金门大桥有什么特点？ …………… (137)
156. 世界上将要建造的跨海大桥还有哪些？ ……… (138)
157. 我国的跨海大桥建设取得了哪些成果？ ……… (139)
158. 渤海通道将如何建设？ …………………………… (140)
159. 未来的亚洲第一"东方大桥"有多长？ ………… (142)
160. 兴建跨海工程能带来什么样的经济效益？ …… (142)
161. 大陆与台湾之间的第一座跨海大桥将建在哪里？ ……………………………………… (143)
162. 什么是海上人工岛？ ……………………………… (144)
163. 怎样建造海上人工岛？ …………………………… (145)
164. 浮体式人工岛具有什么优点？ ………………… (146)
165. 我国第一座海上人工岛在哪里？ ……………… (147)
166. 飞机场为什么要建在海上？ …………………… (147)
167. 世界上最早的海上机场是哪一个？ …………… (148)
168. 目前世界上最大的海上机场是哪一个？ ……… (149)
169. 如何建造漂浮的海上城市？ …………………… (150)
170. 如何确保海上城市的能源供应？ ……………… (151)
171. 世界上最大的海上城市在哪里？ ……………… (151)

172. 雄伟的海洋通信城市将是什么样子？ …………… (152)
173. 未来海上摩天大厦将有多高？ ………………… (154)
174. 美国的海上城市建设取得了哪些成就？ ……… (154)
175. 世界上最小的"海岛王国"是怎样建成的？ …… (155)
176. 世界上第一座海上移动人工岛是什么样的？ … (156)
177. 什么是海洋平台？ ………………………………… (157)
178. 海洋平台的种类有哪些？ ……………………… (158)
179. 海上石油钻井平台有哪几种类型？ …………… (159)
180. 用钻井平台开采石油开始于什么时候？ ……… (159)
181. 半潜式钻井平台有什么特点？ ………………… (160)
182. 采油平台能够安装在海底吗？ ………………… (161)
183. 怎样建造水下油库？ …………………………… (161)
184. 什么是储油平台？ ……………………………… (162)
185. 为什么说巨浪是石油平台事故的罪魁祸首？ … (162)
186. 海冰对石油平台有什么危害？ ………………… (163)
187. "基兰号"石油钻井平台是怎样被摧毁的？ …… (164)
188. 我国海上油气开发工程技术的进展情况
    如何？ …………………………………………… (165)
189. 你知道我国海上油气勘探"历史上的第一"有
    哪些吗？ ………………………………………… (166)
190. 世界上第一座极浅海"两栖"钻井平台有
    什么特点？ ……………………………………… (166)
191. 世界上最高的海上钻探装置有多高？ ………… (167)
192. 世界上海上油气勘探开发最大水深是多少？ … (168)
193. 第一座完全由机器人操作的采气平台由
    哪国建造？ ……………………………………… (168)
194. 未来海底采油将采用什么方式进行？ ………… (169)
195. 海洋工程在海水养殖中起到什么作用？ ……… (170)
196. 海洋农牧化工程技术包括哪些内容？ ………… (170)

197. 什么是人工鱼礁？ ……………………… (171)
198. 建设人工鱼礁有什么意义？ ………… (172)
199. 人工鱼礁怎样建设？ …………………… (173)
200. 海上工厂具有哪些优点？ ……………… (174)
201. 世界上已经建成的海上工厂有哪些？ … (175)
202. 污水处理厂能建在海上吗？ …………… (176)
203. 火力发电站能建在海上吗？ …………… (176)
204. 为什么要在赤道附近海域建火箭发射场？ … (177)
205. 海上运载火箭发射场和航天港的类型有哪些？ … (178)
206. 美国的太平洋航天港有什么特点？ …… (178)
207. 淡水库也能建在海上吗？ ……………… (179)
208. 世界上第一座海上污水处理水库建在哪里？ … (180)
209. 为什么要在白令海峡修建巨型堤坝？ … (181)
210. 怎样阻止大西洋海水流入北冰洋？ …… (182)
211. 天文台为什么要建在海底？ …………… (183)
212. 为什么要将军事基地建在海底？ ……… (184)
213. 海底军事基地的种类有哪些？ ………… (185)
214. 为什么海洋能成为建仓库的理想所在地？ … (186)
215. 海洋储藏基地的种类有哪些？ ………… (187)
216. 核电站能建在海底吗？ ………………… (188)

五、港口飞架彩虹

217. 世界上最早的海港建于什么时候？ …… (190)
218. 中国最早的海港是哪一个？ …………… (190)
219. 港口的类型有哪些？ …………………… (191)
220. 我国沿海港口分布情况如何？ ………… (192)

221. 我国的海港城市有多少？ …………………… (192)
222. 我国海港建设主要成果有哪些？ …………… (192)
223. 环渤海港口群由哪些港口组成？ …………… (193)
224. 中国哪一个港口被誉为"北方的香港"？ …… (194)
225. 世界最大的能源输出港是哪一个？ ………… (195)
226. 我国最大的人工港是哪一个？ ……………… (195)
227. 北京的出海口位于哪里？ …………………… (196)
228. 黄河口也能修建深水码头吗？ ……………… (197)
229. 我国最大的集装箱码头在哪里？ …………… (197)
230. 亚洲第一大散货码头在哪里？ ……………… (198)
231. 未来的中国北方航运中心将在哪里兴起？ … (198)
232. 长江三角洲港口群由哪些港口组成？ ……… (199)
233. 我国最大的海港是哪一个？ ………………… (200)
234. 我国最大矿石及化工品中转港是哪一个？ … (200)
235. 哪个港口被誉为"中国港口皇冠"？ ………… (201)
236. 大榭岛开发为什么被称为是跨世纪的宏伟工程？ …………………………………………… (202)
237. 我国自然条件最优良的港口是哪一个？ …… (203)
238. 欧亚大陆桥的东方桥头堡是哪一个港口？ … (204)
239. 孙中山先生设想的连云港是什么样的？ …… (205)
240. 南方港口群由哪些港口组成？ ……………… (206)
241. 我国四大深水国际中转港是哪些？ ………… (206)
242. 福建的港口建设情况如何？ ………………… (207)
243. 被马可·波罗称为古代世界最大的港口是哪一个？ ………………………………………… (208)
244. 全国港口密度最高的省份是哪一个？ ……… (209)
245. 哪一个港口将成为我国南方的物资集散中心？ ………………………………………… (210)
246. 在我国第五大岛上兴建港口有什么意义？ … (211)

247. 我国最西部的港口是哪一个？……………（212）
248. 香港的名称是怎么得来的？……………（213）
249. 为什么说香港的维多利亚港是最繁忙的港口之一？…………………………………（214）
250. 澳门拥有深水大港吗？…………………（214）
251. 台湾第一大港是哪一个？………………（215）
252. 徐福东渡船队从哪个港口启航？………（217）
253. 古代海上丝绸之路的出海口在哪里？…（217）
254. 我国第一个邮运专用码头哪年建成？…（219）
255. 我国的"无雾港"在哪里？………………（219）
256. 什么是自由港？…………………………（220）
257. 我国的自由港开始于哪一年？…………（221）
258. 世界最大海港是哪一个？………………（221）
259. "葡萄酒之港"在哪里？…………………（222）
260. 北极圈内的不冻港是哪一个？…………（223）
261. 历史上著名的亚历山大港是什么样子？…（224）
262. 有"东方第一要塞"美誉的军港是哪一个？…（225）
263. 美国在太平洋最重要的军港是哪一个？…（227）
264. 美国在远东地区最大的军港是哪一个？…（228）
265. 俄罗斯太平洋舰队最大的军港是哪一个？…（229）

六、旅游方兴未艾

266. 世界上海洋旅游的航线主要有哪些？……（232）
267. 世界上主要的旅游海港城市有哪些？……（233）
268. 我国的海洋旅游业应如何发展？…………（233）
269. 世界上最大的游船是哪一艘？……………（234）

270. 世界上最豪华的海上游艇是哪一艘？………（235）
271. 参加过第二次世界大战的游船是哪一艘？……（236）
272. 未来的豪华游轮是个什么样子？…………（236）
273. 美国为什么要在珍珠港修建"亚利桑那"
    纪念馆？……………………………………（237）
274. 最负盛名的海上军事博物馆是哪一座？……（237）
275. 亚洲最大的海底世界建在哪里？……………（239）
276. 世界最早的水族馆在哪里？…………………（239）
277. 哪个水族馆被称为"世界第六大洋"？………（240）
278. 美国最古老的水族馆是哪一个？……………（240）
279. 美国的蒙特雷海洋水族馆有什么特点？……（241）
280. 台湾第一座海事博物馆有什么特点？………（242）
281. 世界著名的摩纳哥海洋博物馆有什么特点？…（242）
282. 你知道美国冲浪博物馆吗？…………………（243）
283. 亚洲最大的海上游乐场在哪里？……………（243）
284. 中国最早的水族馆在哪里？…………………（244）
285. 日本为什么要建造人工"小海洋"？…………（246）
286. 举世无双的大阪"海洋世界"有什么与众
    不同之处？…………………………………（246）
287. 你见过漂浮在海上的公园吗？………………（247）
288. 你想去海底观光旅游吗？……………………（248）
289. 海底观光旅游的形式有哪些？………………（248）
290. 海底观光旅游船有哪几种类型？……………（250）
291. 第一艘旅游潜艇是哪一年建造的？…………（251）
292. "玛利亚Ⅰ"号能把旅客带到多深的海底
    旅游？………………………………………（251）
293. 在我国能体验海底旅游吗？…………………（252）
294. 世界上最冒险的旅游项目是什么？…………（253）

七、无尽海洋能源

295. 什么是海洋能？ …………………………… (256)
296. 为什么要开发海洋能？ ………………………… (256)
297. 海洋能有什么独特优势？ ……………………… (257)
298. 海洋能的蕴藏量有多大？ ……………………… (258)
299. 海洋能利用的经济效益怎样？ ………………… (258)
300. 我国的海洋能资源有多少？ …………………… (259)
301. 海洋潮汐的能量有多大？ ……………………… (259)
302. 人们是怎样利用潮汐发电的？ ………………… (260)
303. 人类第一次使用潮汐发电是什么时候？ ……… (261)
304. 世界潮汐能发电的现状如何？ ………………… (261)
305. 令法国人骄傲的革命性建筑是什么？ ………… (262)
306. 我国潮汐能发电的现状如何？ ………………… (263)
307. 中国最大的潮汐能电站是哪一座？ …………… (264)
308. 我国开发潮汐能的前景怎样？ ………………… (265)
309. 海洋风能有多大？ ……………………………… (265)
310. 英国海上漂浮式风力发电机组是什么样的？ … (266)
311. 世界上首座海洋风力发电站建在哪里？ ……… (267)
312. 什么是波浪能？ ………………………………… (267)
313. 能否把波浪变成有用的能量？ ………………… (268)
314. 如何利用波浪发电？ …………………………… (269)
315. 活塞式波浪发电装置是怎样发电的？ ………… (270)
316. 世界上波浪能发电技术如何？ ………………… (271)
317. 世界上波浪能电站有多少？ …………………… (271)
318. 日本的海上"巨鲸"是怎样发电的？ ………… (272)

319. 丹麦的波浪发电装置有什么特点？ ………… (272)
320. 目前世界上最大的波力电站在哪里？ ………… (273)
321. 英国第一座波力电站的特点是什么？ ………… (273)
322. 世界上最大的海浪电站将在哪里建造？ ………… (274)
323. 世界上最大的波力发电船是怎样工作的？ ………… (274)
324. 英国在利用波浪发电的方法上与日本有什么不同？ ………… (275)
325. 集波墙发电装置是怎样工作的？ ………… (276)
326. 环礁式海浪发电站是怎样发电的？ ………… (277)
327. 怎样利用水下涌浪发电？ ………… (278)
328. 最初利用波能发电的人是谁？ ………… (279)
329. 世界上第一个商业性波能发电站建在哪里？ ………… (280)
330. 怎样利用波能从海洋中提取稀有金属？ ………… (280)
331. 日本是怎样用波浪能提取铀的？ ………… (281)
332. 我国的波浪发电技术如何？ ………… (282)
333. 海洋中谁的能量最大？ ………… (282)
334. 怎样利用海洋温差发电？ ………… (283)
335. 谁第一次实现了温差发电？ ………… (284)
336. 克劳德是怎样实验的？ ………… (284)
337. 世界上第一座温差电站是由谁建成的？ ………… (285)
338. 温差发电究竟碰到什么样的难题？ ………… (285)
339. 安迪生父子的伟大创举是什么？ ………… (286)
340. 世界上第一座有实用价值的海洋温差电站建在哪里？ ………… (287)
341. 国际上温差发电的现状如何？ ………… (288)
342. 中国的温差能资源情况如何？ ………… (289)
343. 如何使冰洋盛开"能源之花"？ ………… (289)
344. 怎样给极地冰山"搬家"？ ………… (290)
345. "兆功率"塔能建成吗？ ………… (292)

海洋工程

346. 一举两得的美国海水淡化和发电站是什么样的? ……(293)
347. 神奇的海洋盐能到底有多大? ……(294)
348. 在哪里可以获得稳定的海洋盐能? ……(294)
349. 为什么说死海不会死? ……(295)
350. 海流的能量有多大? ……(296)
351. 世界上海流能发电的研究现状如何? ……(297)
352. "密西西比河上的驳船"是干什么的? ……(298)
353. 纳基那岛和巴兰岛之间如何通信? ……(299)
354. 怎样把世界第一暖流的能量利用起来? ……(300)
355. 日本海流发电的设想是什么? ……(300)
356. 法拉第的梦想是什么? ……(301)
357. 海洋压力能有多大? ……(302)
358. 第一台海水压力差原动机哪一年研制成功? …(302)
359. 怎样利用不用燃烧的天然气发电? ……(303)

编后记 ……(304)
《海洋小百科全书》分类目录 ……(305)

海洋工程

人类水下生活

1. 人类为什么要到水下居住？

人类为什么要选择到水下居住呢？这是个比较有意义的问题，是因为长居陆地，想到水下寻求刺激？还是因为人口增加被迫移居海洋呢？其实，现在人类进入海洋是为了征服它，要它更好地为人类服务。

从古到今，人类活动的主要场所是陆地。占地球总面积71％以上的海洋，以它无尽的神奇与奥秘，引起了人们极大的兴趣和无限的遐想。

几千年来，人类仅仅利用陆地就成就了近代文明的世界，创造了人类光辉的文化。如果人类能把陆地、海底和水中的资源有计划地开发利用起来，那将会使人类社会更加飞快发展，使科学和文化达到前所未有的高度。正是从这个意义上讲，我们说海洋是人类的未来。

神秘的海洋

当然，人类进入海洋不仅仅是为了获取它的资源，而且还要改造它，保护它，管理它。也许在新的世纪，人类将会在海底布设水下住房，形成水下村落。在一村之内，人们在工作之余可穿着轻便的潜水衣互相探访，小型潜水艇还可以在村与村之间定期往返，能定期把"村民"送上水面，然后再把"新村民"带到水下去。到那时，陆地和海洋、水上和水下就是一个统一的世界了。

2. 人类能够在水下生活吗？

人们在努力开发建设陆地城市的同时，也已经开始向海底进军了，期望在那幽静的海底世界营造自己的乐园。那么，人类能够到水下去生活吗？显然，要想到水下生活，首先必须解决水下住房问题。早在20世纪初，从事海洋工作的科学家们就提出了让人类在水下生活的设想，但是直到20世纪50年代，实现这个设想的各种技术条件才逐渐成熟。到了20世纪60年代，美

自由自在的水下生活

国和法国就已经各自进行了人在水下生活的实验，展示了人类能在海底世界安居乐业的美好前景。实验表明，人类不但能够生活在浅层海底，而且还可以向深层的海洋进军。

3. 人类为什么能在水下生活？

人们之所以能够进入水下生活完全得益于饱和潜水理论的诞生，它使人们看到了人类能够长期在水下生活的希望。

在饱和潜水理论的指导下，潜水员戴好潜水面罩，穿上潜水服，从母船的甲板上进入可以调节压力的水密电梯沉至海底，电梯有电缆、通气管道和电话线与母船相

连。潜水员打开电梯的水密门走入海中,进行科学考察,或者从事其他的工作。当工作完毕或需要休息时,他们可以通过位于水下住房底部的水密门进入固定于海底的水下住房内。水下住房内充满与海底水压相同的高压氦—氧等混合气体,所以海水不会流入室内。潜水员进入住房后,当然也就不用戴面罩、穿潜水服了。在水下住房、潜水员可以像在陆地上一样自由地休息、睡眠、吃饭和阅读,只要穿上潜水服,他们就可以重新回到水里去工作。这样反复进行,潜水员一直可在海底呆好几小时甚至更长时间,完成预定的工作任务。最后,由水密电梯将他们接回水面,进入减压舱。在明亮、温暖并有医学控制设备的减压舱里,潜水员能够休息得很好。

根据饱和潜水理论的实验可以得出,人类能在水下生活和工作。

4. 什么是"饱和潜水"?

美国医生乔治·邦德十分关注潜水生理的研究。他常常到海边观看潜水员的潜水训练,尤其对潜水员的减压和生理变化感兴趣。

当邦德了解到潜水员每次返回海面都要进行长时间的减压,因而大大缩短了在水下工作时间的情况以后,总想解决这个问题。一次,他在医学实验中发现,如果在高压下逗留到一定的时间,人的血液和组织里所渗入的气体就会达到饱和程度,以后只要压力不变,无论逗留的时间多长,血液和组织里的气体含量再也不会改变。就像一只盛满了水的杯子,它的容量已经到了极限,无论把水龙头再开多少时间,效果总是一样的。

这一发现使邦德欣喜若狂。因为这样一来,潜水员在海里就不必匆匆离开工作岗位,他们可以继续在海中呆下去,直到愿意返回为止,进行一次减压就行了。因为潜水员的血液和组织里的气体含量已经达到了饱和程度,不管他们在水下呆的时间有多长,减压过程和减压的时间是完全一样的。这样,人类长期到海中去工作和生活的理想,就可以变为现实。

饱和潜水

这种潜水理论统称为饱和潜水理论。这种饱和潜水理论一经发现,引起广大潜水员和海洋学家的强烈兴趣,他们纷纷制订计划,要去海中进行试验。美国人爱德文·林克便是走在最前列的人,他建立了世界上第一座水下住房。

5. 世界上第一座水下住房是什么时候诞生的?

世界上第一座水下住房"海中人号"是于1962年9月6日在法国的里维埃拉附近海域60米深处试验成功的。

"海中人号"海底住房,是美国科学家艾德温·A·林克精心研制的一座直径1米,高3米的圆筒状大型潜水钟,内部装有各种仪表。由于里面的空间小,所以人只能坐在折叠椅上靠着桌子睡觉。里面清新的混合气体是通过脐带由水面船供给的。在 1962 年 9 月 6 日这一天,它载着当时世界著名的潜水员比利时人斯特尼潜到水下 50 米深度时,斯特尼打开了潜水钟下面的舱口,口含呼吸胶管走出潜水钟,潜到 60 米的海底进行调查作业。当完成水下作业回到了潜水钟后,斯特尼高兴地拿起通话器喊道:"我现在回到家里来了。"是啊,这座潜水钟是人类在海底的第一座住房,也是潜水员第一个海底之家。

斯特尼在水下 60 米深处顺利地度过了 24 小时,成为将饱和潜水理论第一个付诸实践的人。斯特尼的试验使人们相信:在深水中长时间的工作和居住是有可能的。

6. 法国的"大陆架 I 号"成功之处在哪里?

在饱和潜水理论的问题解决以后,人类探索海底世界的竞争就相继拉开了帷幕。在美国的"海中人号"诞生8 天后,也就是 1962 年 9 月 14 日,法国也建成了一座海底住房——"大陆架 I 号"。它要比"海中人号"海底住房更接近于现代海底住房的样子。"大陆架 I 号"的外形像个横放的大木桶,下面挂着几根沉重的铁链,固定在法国马赛海域附近 10 米深的海底。住房内的空气由岛上的压缩机通过水面供气管提供。住房里有淋浴间,潜水员在工

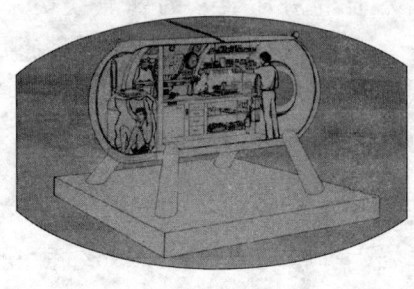

"大陆架 I 号"

作之余可以洗个热水澡,茶余饭后还可以看看电视、听听音乐,就如同生活在陆地上的家里一样。"大陆架 I 号"的突出之处就在于它创造了两名潜水员在住房里生活了 7 天的记录。

7. 库斯托共建造了几座"大陆架站"?

有位英国教授曾经提出过这样一个问题:潜水员为什么不能在海底安排食宿呢?法国著名潜水专家库斯托对这一想法发生了兴趣。他决定去探索人类的生活禁区。

库斯托和他带领的潜水员决定建立"大陆架站"。大陆架是大陆本身的延续,它从海岸向水下成坡度延伸,有时呈笔直的陡坡,有时坡度较缓,一直延伸到水下约 600 英尺(1 英尺=0.3048 米)处。

自从库斯托首座的"大陆架站"获得巨大成功以后,他便继续规划在更深的水里建立新的大陆架站。为此,他还设计了一艘名叫"深水星"的深水艇,能载着 3 个人进入深 3000 英尺的水域。此后,他又设计了另一艘能下潜到 12000 英尺深海的深水艇。1963 年,库斯托在红海的非洲海岸边建立了第二个大陆架站。这个站的主要建筑物坐落在水下 36 英尺的岩石边上。

那么,人能不能在更深层的水中生活和工作呢?这是库斯托在完成第二个水下工作站和相关水下交通工具后,又一个新的课题。为了找到这个问题的答案,库斯托院士的第三个大陆架站——"深水屋"问世了,这座屋样子像火箭,仅能住下 2 个人。它被铁锚固定在离海面 90

英尺的水下。实验结果证实,实验人员在"深水屋"里住了一个星期后,他们的健康状况良好,并能每天到室外进行水下作业。库斯托的人类超 90 英尺水下居住实验获得成功。

8. 库斯托设计的"大陆架"水下住房有什么特点?

在人类最初进行的水下住房实验中,库斯托主持建造的"大陆架"水下生活住房最为成功。它有三个特点:第一,水下住房的沉放深度为 100 米。第二,水下住房能自动沉入海底,自动浮上水面,不用水面船的吊放。第三,水下住房与水面船之间除了有电能和电讯联系外,一切生活均能自主,具有一定的独立性。

这项设计的水下住房是圆球形的,直径 5 米,它被安放在一个铁架上,铁架下面有 4 条可以伸缩的腿,以便在海底不平时调整房屋的水平角度。球内分上下两层;上层是会议室、厨房、冷藏室、实验室等;下层是卧室、厕所、淋浴间等。铁架上放着呼吸用的气瓶、高压气瓶、淡水箱、工具、材料、压载水箱等,还有应急用的减压舱,它可以自行升到水面。

房屋设计使用了复杂的现代化技术,它采用了低温冷冻装置以排出呼吸气体中的有害成分,电子计算机可以不断搜集、加工、整理、记录房屋内外各种设备的工作情况,潜水员的工作情况和房屋内各种物理参数等,得出的种种精确数据,通过中央控制台立刻传到水面船。而在水面船上设有专门的电视设备,一刻不停地观察水下住房内潜水员的工作和生活情况。

9. 世界上唯一的一座海底村庄是哪一座？

1963年6月14日，一座名为"海星宅"的海底村庄诞生于红海苏丹港附近水深11米的海底，它的目的是验证饱和潜水理论以及研究海底建筑及人们居住在海底对身体健康有何影响。

该站的房屋从建筑物的中心呈4条手臂状往外延伸，4间宽大的房子呈海星状的布局，"海星宅"因此而得名。它可供5名潜水员居住和工作，在25米水深处还设立了一座供20名潜水员居住的三层楼的小型住宅。"海星宅"是目前全世界独一无二的"海底村庄"。

在海底，海水的压力非常大，因此耐压对海底建筑物来说是必须的，不仅建材要坚固，结构也要新奇独特。"海星宅"的结构又是什么样子呢？其实，这个海底村庄，就是一幢特别大的

库斯托的"海星宅"

屋子，屋顶呈锥形，以分散水的压力，所有横梁和支柱都是由坚固结实的特种钢管制成。房间的布局呈放射形，一个较大的客厅居于正中，卧室围绕在四周。房屋中所需的空气、淡水等，均通过特种管道从海面送来。室内的设施十分现代化，有电灯、电话、电视、空调及其他先进设备，住在里面非常舒适。

"海星宅"是一栋只有窗而没有门的水下建筑。地板上有一个敞开的洞就是它的入口，宅内有压缩空气，使海

水不能进入洞口。这些压缩空气保持着和潜水员在室外进行水下作业时从气瓶里呼吸到的空气同样的气压。这就意味着潜水员在工作之后，只要跃入洞口便可进入室内了。海底村庄里的村民如果要外出到海面上，只需穿上潜水衣，开启客厅中的盖板，通过一条密封的玻璃钢通道，便可以轻松地从海底"走"到海面上来。

10. "海星宅"的交通工具是什么？

大家已经知道"海星宅"是世界上第一个海底村庄，"村民们"可以方便地"进"、"出"，可是你知道他们用的是什么交通工具吗？那就是潜水碟。潜水碟的操作跟飞机差不多，人能驾着它在海里"飞行"。碟身两边有喷管，从喷管里压出的水形成射流，推动碟身前进。碟身的上升和下降受一个设计得非常巧妙的装有水银的器件控制：水银往前流，就能使潜水碟头部下倾，碟身下降；水银往回流时，则能使其头部上抬，碟身上升。

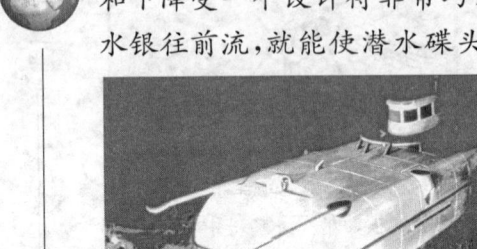

驾驶员和乘客在潜水碟中不必穿潜水服，因为那里有供氧设备。他们可以舒舒坦坦地俯卧在小床上，透过玻璃窗欣赏绚丽的海底美景，还可以操纵一个与艇身相连的爪形工具来采集标本。

11. 水下生活的感受如何？

水下生活的感受如何？我们可以从"海星宅"的村民

那里知道具体的情况。首批"海星宅"的村民是潜水组组长、生物学家怀赛尔教授,潜水冠军福尔科和潜水员魏斯勒·瓦诺尼等5个人,他们在这个充满压缩空气,水电俱全,还有两艘供应船为他们提供食品的水下建筑物里住了一个月。

其实,水下的生活并不像人们想象的那样枯燥乏味、提心吊胆。相反地,他们5个人在水下住房里生活得非常舒服。每天,他们穿上潜水服走出住房,勘察四周的地形和暗礁,研究海洋生物,进行科学考察,然后返回室内休息。在住房里,他们可惬意呢,阅读、吃饭、玩牌、写信、淋浴,喜欢干什么就干什么。更重要的是,他们工作一段时间以后,能够在住房里得到充足的睡眠,恢复体力,以便下一次的工作。母船上的指挥人员和工作人员,每隔一段时间来看望他们一次。

在水下生活还有许多比海面上奇特得多的事情。抽香烟的人会发现他们点燃的香烟,一会儿便抽完了,比陆地

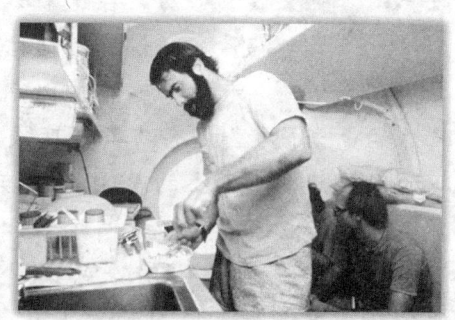
生活在水下的住房里

上快许多。肌肤的伤口好得也很快,至多是陆地上的一半时间。住房里的电风扇,转动起来特别费劲,老是懒洋洋的不肯动弹。更新奇的是,几乎天天需要刮胡子的人,在水下一个月时间里,只需刮几次,因为胡须长得特别慢。

12. 乔治·邦德的水下生活实验室有什么特殊性？

1964年，对水下生活很感兴趣的美国人乔治·邦德，指导4名潜水员在一栋被称作"实验室Ⅰ号"的建筑物里安家。这一水下实验室是设在大西洋百慕大附近的一座海底火山顶上，离水面有192英尺（1英尺＝0.3048米）。

邦德和他的水下实验室

在那里，潜水员呼吸的是氧—氮—氦的混合压缩气体。氦气有助于防止出现潜水病和麻醉状态，但它同时有一个很大的不足之处：由于氦气太轻，人讲话时声带就不能像平时那样振动，发出的嗓音就如同唐老鸭那样，时而尖细，时而粗厉。在这种人造空气中，人通过电话说出的话语特别难听懂。正是由于这个原因，"实验室Ⅰ号"配有一个特殊的电话间，里面充满了密度较高的压缩空气。在水下的人要想同水面上的人通电话，只需进入这个电话间，发出的声音就不再像鸭子叫了。

这4名潜水员在"实验室Ⅰ号"里生活、工作了11天。他们在那里进行了使用动力工具的实验，还在那里浇注了混凝土。倘若要在水下建立永久性的建筑物，这些都是必不可少的工作。在此基础上，第二年水下"实验室Ⅱ号"建成，这个桶状的新房屋比水下"实验室Ⅰ号"大得多。它可以停留在205英尺的水下，容纳10名潜水员在其中生活和工作，室内有热水淋浴，还有一个水下厨房。这里没有充满压缩空气的电话间,设有一个把鸭叫似的说话声变成正常语言的转换器。除了正规的潜水服以外,潜水员还有一个叫作"水烟筒"的呼吸设备,这是置于水中的一根管子,一端和室内的压缩空气相通,人在室外工作时可以用它呼吸。

13. 水下住房里潜水员的工作效率如何？

1969年2月15日,美国的理查德·瓦勒尔等4名潜水员下水了。他们是去接受一次历时两个月的"特克泰特"水下居住试验。这次试验的目的是多方面的,但最主要的还是为了了解人们在海洋底部的工作效率。

艰难的实验工作从他们下水当天就开始了。潜水员们每天在水里游泳数小时,在水下住房周围500米的范围内作地理、地质和生物学调查。与其说这是一次科学试验,倒不如说这是一段长时间的体育锻炼,他们除耳朵稍有不适外,其他一切都很正常,他们习惯了呼吸氮—氧混合气体。

在"特克泰特Ⅱ号"上工作过的5名女潜水员

在漫长的两个月里,人们为他们安排了丰富多彩的生活。他们带了许多书籍、一台收音机、一台闭路电视机、一把吉他和一架手风琴。工程师们还特地把厨房漆成蓝黄两色,用漂亮的帷幕围住舒适的床铺,为每个人营造出一个小小的天地。食物的供应也极其丰富,经常有鲜蛋和鲜奶从海面上送下来。

瓦勒尔等4名潜水员在两个月里完成的工作是令人鼓舞的。他们测绘了详细的区域海底地形图,研究了10个不同层次的浮游动物和藻类的情况,还研究了龙虾的习性,在数百只龙虾身上贴了标签,还在十几只龙虾身上装了微型生物遥测器。

4月15日,水下实验终于结束了,在水下生活了两个月的潜水员安全地返回到海面。在这60天的海底生活中,他们有434个小时在水中工作,生活时间和工作时间,都创造了新的历史纪录。

事隔1年也就是1970年,美国又成功地进行了一次"特克泰特Ⅱ号"试验。在长达几个月的试验期间,62名科学家和工程师分成若干个小组,轮流下海工作,其中还有5名女潜水员呢!

14. 深度最大的水下住房是哪一个?

1970年7月5日,总重量达7000多吨的"海洋实验室号"坐落在159米深的海底,它就是美国夏威夷海洋学院的马卡依实验场请瑞士工程师古士特夫·伐尔曼主持设计的世界上最深、也是最大的水下住房。它的最大工作深度为305米,可连续置于海底达7个月之久,可供8名潜水员在其中工作一个月。

与其他住房相比,"海洋实验室号"形状十分奇特:在两个长21米,直径为2.7米的浮筒上,铺设了方形的甲板。甲板的中心处是一个直径为3米的球形舱。两边各伸出一个长6米,直径为2.7米的筒形舱,另一个是实验舱,一个是生活舱。两个舱都有独立的生活保障系统,必要时潜水员就可以在其中减压。甲板上有两个容积为25立方米的压载水箱,在压载水箱与水下住房之间还有两个应急减压舱,每个舱可容纳4个人,具有20天的自持力。

这个水下住房要用轮船拖航。向海底布放时,要先向浮体舱中放水,使房屋处于半浮半沉状态,继续向压载舱放水,它就沉到水下。下沉的速度可由人工调节压载水量的办法控制。为了使水下住房沉到海底时不受撞击,它的底座下还挂有两条长10米的绳子,绳上吊着2块重约1.5吨的重块。当重块落到海底时,水下住房立即就释放3吨的压载水,这就等于对房屋的下降速度进行了制动,水下住房坐落海底后,再向压载水箱放入15吨水,以便使它平稳地坐落在海底。

15. 水下住房在结构上有什么共同特点?

迄今为止,全世界已有上百个海底住房相继问世,最常见的水下住房则是"海底实验室Ⅱ号"这一类,它的主体为卧式的圆柱形。这类住房的整个主体被隔成工作舱、生活舱和卧舱三个房间。在主体的下面设有两个方形舱,一个用于存放潜水装备,另一个用于潜水员水下观察,这两个舱的下部各开一个出口供潜水员出入。主体的下部是储气瓶和压载水舱,水下住房的下潜和上浮就是通过压载水舱注、排水来完成。

水下住房的上部有个出口,供潜水员在水中出入。室内的工作舱里装备有先进的测试仪器,住房的任何异常现象都会在这些仪器上显示出来。除此之外,这里还有供海洋科学人员用的宽大实验桌和各种海洋观测仪器。科学家们借助这些仪器调查海底的水文、底质、深海生物、海底矿物状况。海底住房的工作环境幽雅,设备齐全,并设有舒适的休养和娱乐场所,是名副其实的现代化的水下基地。

16. 水下住房的类型有哪些?

早在20世纪60年代,美国的"海中人 I 号"和法国的"大陆架 I 号"相继在地中海进行试验,从此水下住房急剧增多,成为许多国家进行海洋生物、地质、物理、化学等学科现场研究和探测海底资源的基地。特别在海洋工程中,水下住房发挥了很大的作用,如检修海底电缆、建造海底工程、

水下住房

打捞失事船只都离不开水下住房。到现在为止,水下住

房通常有三种类型:标准气压型,也就是住房内的压力为一个大气压;高压型,住房内压力与外界的压力相等;混合型,即上述两种型式的组合。水下住房的外形大多呈球形、椭球形、圆柱形,或者各种形体的组合。水下住房的外壳一般用耐压防腐高强度的钢材制成,也有采用橡胶、塑料、布料,以及透明的有机材料制成。

17. 有可以"自行运动"的水下住房吗?

20世纪60年代以来,水下住房经历了三代的发展历程。第一代水下住房是由船上起重机吊放沉入海底,当然这一种早已被淘汰;第二代水下住房已有垂直运动的功能,即自身可以下沉上浮;第三代水下住房,不仅能垂

可上下运动的活动水下住房

直运动,而且还可以作水平运动,也就是所谓活动水下住房,它将潜水系统和固定水下住房的各种功能有机地结合起来,具有高度的自航机动能力。美国的"海底实验室"、俄罗斯的"底栖生物—300"都属于第三代,它们具有在水深300米的海底,不依赖外界,持续工作15天～30

天的能力。

18. 建造水下住房必须具备哪些条件？

尽管世界各国从20世纪60年代后设计、制造了许多形状大小各异的水下住房,但是,任何一种水下住房都必须具备下列5个条件。

第一,必须有一个壳体。壳体可以制成"一"字形,这种形式虽然制造简单,但使用起来不太方便;也可以制成自由式的,如"星"形。房内还应设有淡水淋浴,使潜水员回到水下住房后能洗掉身上的盐水。如果在冬季,淋浴还应使用热水。

第二,要保证潜水员呼吸。在40多米以内的浅海中使用压缩空气即可,但在深海中就非用氦、氧等混合气不可。应该及时补充被人体消耗掉的氧和分解人体排出来的二氧化碳气体,时刻检查水下住房的气体成分,排除其中有害气体。

第三,能保证潜水人员的食品和淡水供应。一个潜水员一昼夜需要3500卡的热量,食品应该是高蛋白的。饮用水质要好,生活用水量要大。

第四,要准确地把水下住房布设在海底,在浅海中尤其重要。

第五,要有足够的电能供应。如果水下住房没有电,那么,潜水员就无法在里面工作和生活。

一座水下住房无论是最简单的还是最现代化的,都必须具备以上5项条件。

19. 水下住房非要做成钢壳不可吗?

大家已经知道很多种水下住房了,你是否认为它们一定要制成坚硬的钢壳结构呢?这可不一定,它们也可以做成"软"体的。早在1964年,美国工程师林克就用橡胶硫化的尼龙口袋制造了一座水下住房。它的长度2米,直径1.2米,口袋的入口处牢牢地连在金属圈上,圈的下端有一个水密门。为保证口袋有足够的强度,它又用网扣把口袋罩住。口袋内有吊铺和必备的仪器。氧气瓶安放在金属圈的四周。二氧化碳分解系统装在轻便的箱子中。房屋用电由水面供应。这座房屋在1964年时就布设在132米深的水下了。2个潜水员在这座屋内居住了2昼夜,创造了当时深水居住的世界新纪录。

20. 怎样向远离海岸的水下住房供电?

大家都知道,没有电,人们要在水下住房中生活是无法想象的,仅取暖一项有的房屋就要以25千瓦的功率供电。一个设备完善的水下住房要保证各种系统工作,至少要消耗60千瓦的电能。对于那些在近岸边的水下住房来讲,这不成什么问题,因为它可以通过陆地供电的方

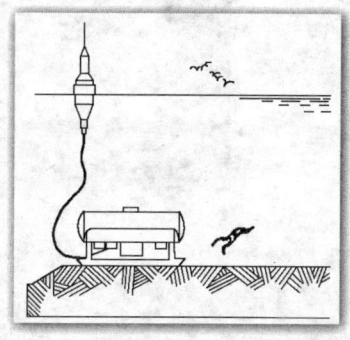

式来进行供电。对于那些远离海岸的水下住房怎么办呢?靠水面船肯定不行,因为费用太大。为解决这个问题,德国的工程师们想出了一个绝妙的办法。他们设计出一种动力浮标,其重量为60吨,内部安装有功率为65千瓦的柴油机组、氧气瓶、氮气瓶、电池组等系列设备。它的最大特点是能自动工作,可在无人管理的情况下工作1000小时。浮标内储存的燃料可连续工作20天。水下住房的潜水员可以根据需要对它进行控制。有了这种动力浮标,水下住房就再也不用为用电苦恼了,它们可以比较独立地坐落在水下。水面上只要定期为浮标送油、送水、送气,并进行检查就行了。

21. 世界上第一座海底酒店建在哪里?

在地球人口日益膨胀,陆地资源日益枯竭的今天,海洋成了人类最后的开发地。近年来,一些发达国家除了积极开发海底资源外,还组织了海底旅游和海底探险等,为开发海洋做了有益的尝试。

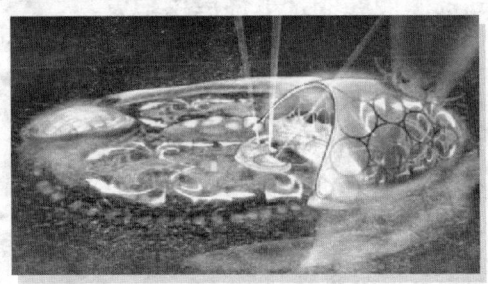

海底酒店

第二次世界大战结束后,人类就开始向海底进军。如果说一条又一条新开辟的海底隧道仅仅意味着人们可以乘坐地铁从海底走向海峡对岸的话,那么,美国于1994年开业的世界上第一家海底大酒店,却为人类将来在海底居住展示了美好的前景。

这一家取名为"凡尔纳海底酒店"的特殊旅馆位于美国佛罗里达州基拉各市的浅海底,酒店共4层,小巧玲珑,其顶端离水面约有9米。酒店之所以取名为"凡尔纳",是因为凡尔纳是19世纪法国最著名的科学幻想小说家,曾写过许多以海底为题材的科学幻想小说,《海底两万里》就是他的海洋科幻代表作。"凡尔纳海底酒店"的建成使他的幻想变成了现实。

22. "凡尔纳海底酒店"的房间结构是怎样的?

凡尔纳海底酒店的每一套客房都很大,约15米长,6米宽,面积达90平方米,包括会客室、卧室、厨房和浴室,能容纳6名游客居住。你能猜出在这样的旅馆,它的收费标准是多少吗?这可是一个惊人的数字,它每天的房

海底酒店

租为2.5万美元。尽管如此,做客凡尔纳海底酒店的人还是大有人在。但这里可有一个重要的先决条件,住宿者必须是合格的潜水员。

凡尔纳海底酒店是用一种特制的合金材料建成,具有高度防锈防腐蚀的性能。房间里的设备远远超过了陆地上的五星级宾馆,除了彩电、录像和音响外,还有电脑、卫星电话和微波炉等。浴室中设有海水淡化加热淋浴器,随时都能洗热水澡。酒店内的空气则由电解海水制气机供应。饭店内的伙食则就地取材,以海鲜为主,有龙虾、海蟹、海底鱼类和形形色色的海贝等。游客入住后最感兴趣的要属从每个房间的窗口去欣赏海洋里的鱼类和贝类,就仿佛身临神话里的水晶宫一样。

23. 怎样做客"凡尔纳海底酒店"?

假如你有兴趣做客"凡尔纳海底酒店"的话,下面这些内容你可得好好阅读,因为游客是坐着玻璃潜艇进入酒店的,可不像我们平常那样省事。当然,进入酒店后,客人还可以穿上潜水衣跃入海中。出入时游客都不必担心有安全问题,因为在入口处设有摄像机时刻监视,若有不测,酒店保安潜水员会立即赶往抢救。

酒店除了给游客提供在海底游览的玻璃潜艇外,还提供特制的潜水服供游客在海底自由游览。酒店内还设有一个高3米、宽6米的"潜水室"。游客先在室内换上潜水服,带上一个可直接呼吸海水的特制的人工水肺,然后再从隔离室的小门潜入海水中。潜水员带上这种人工水肺可以在30米~40米深的水下像鱼儿一样呼吸,但在水中停留的时间不能超过40分钟。对一般游客来说,有40分钟的时间在海底游览已经很充裕了,他们在千姿百态的珊瑚丛中,有机会捡到色彩缤纷形态各异的螺壳,或者是几枝珍贵的绿色或红色珊瑚。

　　游客从海底回到酒店后,还可以到咖啡室休息一会儿,一边喝咖啡,一边坐在巨大的玻璃窗前观赏激光照射下的奇妙的海底景色。更令人惊奇的是,一条条曲线玲珑的"美人鱼"在窗外出现,她们都是海底酒店的女招待,只是装上一条"鱼尾巴"而已。

24. 现在的海底酒店是什么样的?

　　2009年,造价4.9亿美元、几乎与伦敦海德公园同等大小的迪拜Hydropolis海底酒店开张。它位于水下60英尺,自称为十星级酒店,该酒店有220个水泡式的水下树脂玻璃套房。游客可以在沙滩上乘坐自动列车离开陆地,穿过515米长的水下通道来到酒店大堂。两座拱

迪拜海底酒店

形的建筑主要位于水下,其中一座是音乐厅,另一座是舞厅,这两座建筑贯穿阿拉伯湾的蓝色水面。舞厅的圆顶是可以伸缩的,游客可以在迪拜辽阔的海岸线、地平线的背景下欣赏露天节目,酒店定价为5500美元一晚。酒店建造的初衷在于,让那些既不会潜水也不会游泳的人体验海底世界的美妙。

25. 未来的水下城市是什么样的?

在了解了水下住房之后,你是否想象得出未来水下城市是什么样的呢?在小型的水下住房已经日益完善的今天,如果把这众多相对独立又相互连接的水下住房组合在一起,不就成了一个海底居民点吗?再将若干个居民点组合在一起不就成了一个小城镇吗?进一步扩大发展下去不就成了海底城市吗?当然,如果要成为城市的话,必须要实现统一供电、供水、供气,统一安排各种公共生活设施,如医院、旅馆、公园、商店、菜场、学校、图书馆、娱乐场所等等,应该有海底城市内的水下公共汽车,还应

该有穿梭于各海底城市间的水下直升机等等。这样一来,人们在那里工作生活就与陆地城市没有什么区别了。那时,海底同样有很多的就业机会,海底矿井、海底工厂、海底农场、海底养殖场,还有学校、医院、科研部门、服务行业等都需要大量的海底工作者。海底工作者必要时也可以到陆地上探亲访友、出差旅游。有人预言,21世纪的海底将成为人类的第二故乡,甚至有些人会一辈子生活在海底。如果真是如此的话,他们的子孙后代在填写籍贯或出生地时,会是什么样子呢?是不是应该填写上某某洋某某海底的某某城市?而住址也只能一律用坐标

来表示了。

26. 希尔威兹的海底城市将怎样建造？

要在海底建设大规模的城市,大量的建筑材料完全依靠陆地是不经济的,大量的水下施工也是相当困难的,所以,现在已经有人想出了一种建造海底住房的新方法,并初步试验成功。这种方法建造水下住房既简便又经济,速度又快,而且非常坚固,维修也很方便。它就是美国建筑学家希尔威兹教授研究成功的新型海底建筑法。

这种方法是用网孔1英寸(1英寸=2.54厘米)见方的金属网做成圆筒,连接负极,圆筒中央竖一根铅管作为正极,然后将金属网圆筒沉入海底并通上电流,几天之后,负极的金属网上便生成犹如玻璃状的物质。希尔威兹教授在加勒比海的试验中,通电6周,金属网上的生成物就厚达1英寸。经研究分析,

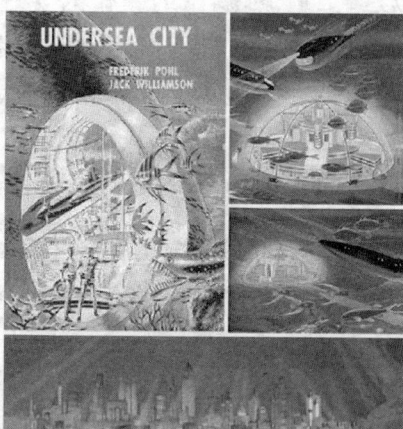

水下城市

金属网上生成物的比重与水泥差不多,但比水泥还要牢固。这些生成物的主要成分是氢氧化镁和碳酸钙。你知道金属网上通电所使用的电源是什么吗？它仅仅是漂浮在海面上一只不大的太阳能电池。待金属网孔由生成物

填满不透水了,就成了一座水下住房坚固的外壳体。根据需要,还可以控制这种生成物的厚度,如果到了预定厚度,只要切断电流就行了。同样,如果有的地方破裂,一通电流便可很快修复好。

希尔威兹教授用这种方法在马绍尔群岛等地已经建造了海底养殖场,制造人工渔礁,获得了极佳的经济效果。他认为,这种方法完全有希望用于海底建筑,人们可以根据各种需要焊接好各种形状和结构的金属网架,然后通上电流,剩下的事情只要过一段时间去检查一下"施工"的进度和质量,当达到设计标准时,切断电流,建筑物的外壳也就竣工了。希尔威兹教授正使用他那支建筑学家的"笔",描绘着海底城市的建筑蓝图,并要运用他自己创造的独特的海底建筑法施工,把蓝图变成现实。

27. 日本的海洋工程学家设计的海底城市是怎样的?

日本的建筑师和城市设计师们也十分热衷于海洋城市的建设。他们设计的海洋城市既不是浮在海面,也不是沉入海底,而是倾向于半潜式的城市结构,水上部分是公共设施,水下部分作居民住宅,这比全部沉入海底的建筑,从技术上讲容易一些。日本一个研究小组规划建造了2500个半潜式海洋城市,每个城市可居住2万~3万人,总共可容纳日本现有人口的一半。如果这个规划得以实现,这2500个海洋城市将像一串珍珠项链一样围在日本国土的四周,它们将集中反映人类进步的全部知识和智慧。

28. 未来海底的交通工具有哪些种类?

大家已经知道"海星宅"的"村民们"可以乘坐潜水碟方便地进出"海星宅",那么除了潜水碟以外,科学家们为未来的海底生活还设计了哪些交通工具呢?

这些希奇古怪的交通工具包括:独联体里亚赞布市的工人米哈伊尔·普什科夫发明的海底自行车,它造型独特,外形酷似一只海豚,长约3米,高1.2米,尾部有两只螺旋桨作为脚踏推进器,其潜水深度可达30米。俄罗斯研制的海底摩托车,这种摩托车,开动发动机就能在海面上疾驶,操纵舵轮即可潜入水中。德国一位工程师设计的海底汽车,下潜深度只有10米,能持续行驶2小时,时速为7千米/小时。而法国设计的海底公共汽车,能在海下30米深处运行。芬兰建造的海底游艇,以用于近海水下旅行,它以电池作动力及照明能源,行进时速可达3.7千米/小时,垂直升降时速为0.85千米/小时。法国海洋研究中心制造的海底轮船,无需人驾驶,它在水面

海底摩托

船只的声波操纵下,能潜到6千米深的海底作业。日本研制的能够潜水下海的水陆两栖火车,在陆地上的时速为200千米/小时,在水下的时速为35千米/小时。列车的车身借助导向轮固定在海里的单轨高架铁路路基上,车上装

有潜水艇使用的垂直和水平稳定装置,因而运行十分平稳。英国科学家图克思研制的海底飞机,最高时速可达24.2千米/小时,它可以横滚着前进,不像潜艇需要沉水箱,而像飞机一样直接升降。

29. 世界上第一架能在深海飞行的水下飞机是谁研制的?

若谈起能"飞向深海"的水下飞机的研制工作,那就不能不提到一位满脑子充满奇思妙想的科学家——美国海洋工程学家霍克思。此人早年曾参加过水下武器的研制,长期以来对海洋探测工作有着浓厚的兴趣,产生了研制具有超强潜航能力的深海探测器的愿望。他设想这种深海探测器的外形具有飞机的特征和相当的速度,为将来的深海探测工作带来方便。抱着这个强烈的愿望,霍克思全身心地投入了水下飞机的设计和制造工作。

水下飞机

有志者事竟成。经过长期的悉心研制,世界上第一架被称为"深水飞行器1号"的水下飞机终于在霍克思手里研制成功。水下飞机的外形与普通飞机的外形大同小异。它的前部高高隆起,机身两侧有短短的机翼,全机由强度特别高的轻型复合材料制成,采用高能量高密度的电池提供动力,时速可达22千米/小时。

海洋工程

探索海底世界

30. 人类潜水始于什么时候?

人类很早就开始挑战海洋、潜入海中,我们从一些历史事实,能找到古人潜水的一点线索。公元前2100多年前的中国夏代,朝廷就曾向老百姓征收海洋贝壳作为捐税。由此可见,在公元前2100年,我们的祖先就开始潜水了。

从古人的一次战争中,我们更能清楚地看到潜水员存在的证据。古希腊的雅典人想控制整个地中海,西西里沿岸富有的希拉克斯人是他们的严重障碍。为了实现自己的目的,雅典人就派了一支舰队,去攻打希拉克斯人。而希拉克斯人为了挫败雅典人的进攻,在海港入口处的海底布满了成排的尖桩。尖利的木桩像一支支利箭,可以刺破前来进攻的战船的船底。雅典人遭到了惨重的损失。但雅典人并不甘心失败,他们派潜水员锯掉了那些插在海底的尖桩。这样一来,雅典人畅通无阻地大举进攻,并获得了胜利。遗憾的是,历史学家们只顾大力颂扬雅典勇士们的战斗精神,而忽略了那些潜水员们的功绩。至于古代潜水员是如何潜入海中,他们使用的是什么样的潜水工具,更没留下一点文字。

雅典人生活在公元前4世纪,由此可见,2400多年前的古代就已有潜水员活跃在水下了。

31. 潜水对人类有何意义？

自古以来，人类跟潜水的关系就十分密切，潜水在军事和商业上的应用也备受重视。随着人类社会的发展，潜水对人类社会的贡献也越来越大。

潜水在军事上的作用不言而喻。了解第二次世界大战的同学都知道潜艇在现代战争中的巨大威力。在第二次世界大战期间，潜水艇创造了击沉水面舰船4210艘的赫赫战果。潜水在军事上还常被用来进行打捞沉没的舰艇，营救受困人员，如2000年8月份，俄罗斯的战略核潜艇"库尔斯克"沉没以后，国际社会给予了广泛关注，曾动用了大量的潜水员和潜水器参与救援行动。

古代采珠女

在商业上，从远古的潜水捕捞珍珠到现在的打捞古代沉船上的玉器、金币等等，以及目前悄然兴起的海底旅游热，无一不见到潜水的身影。在科学研究方面，潜水员绘制海底地图，采集海洋生物、海底土壤标本，操纵海底钻机等更离不开潜水。

当然，潜水的作用还远远不止这些，水下摄像、拍照，蓬勃兴起的潜水运动等都给人们带来无穷乐趣。将来的海底城市一旦建成,潜水将变得更加普及和必须了。

32. 人类利用装备潜水始于什么时候?

你知道人类利用装备潜水源于何时吗?早在2000多年前,米索不达文化全盛时期,阿兹里亚帝国的军队用羊皮袋充气,从水中攻击敌军,这也许是潜水装备的老祖宗了。公先前4世纪,亚里士多德也曾记述过供采集海绵用的小型潜水钟,这种潜水钟带有驴皮制的气囊。在我们中国,早在1700多年前的中国史书《魏志·倭人传》中,就已经有了渔夫潜水捕鱼的场面描写。中国明代出版的《天工开物》,记载了南海沿岸潜水采珠者用

锡管呼吸,还记载了治疗潜水病的方法。1720年,一个英国人利用一只木桶成功地潜到了水下20米深的地方。1819年英国人郭蒙贝西还发明了通风式潜水装置,开创了头盔式潜水的先例。1866年法国人设计并研制出了自携式轻潜水装具。进入20世纪以后,各种先进的潜水器应运而生,带动了潜水运动的蓬勃发展,热衷于潜水的人也越来越多。

33. 你知道画坛巨匠达·芬奇与潜水的渊源吗？

很难相信，意大利文艺复兴时期的画坛巨匠达·芬奇(1452—1519年)竟与潜水有关系呢。在人们心目中有达·芬奇笔下那永远带着神秘微笑的《蒙娜丽莎》，还有那耶稣及其门徒们的《最后的晚餐》，哪里会有潜水呢！可是，在达·芬奇的《阿特兰梯克期手稿》中，就有他设计的潜水装具的草图。据说，潜水护目镜就是达·芬奇发明的。他曾经提出让人脚系石块，头戴面罩潜到海底。他画过一幅潜水呼吸管图，图中潜水者的口鼻用皮囊的一端罩住，皮囊的另一端与呼吸管相连，呼吸管的上端用软木浮托露出水面，潜水者就借此呼吸空气，以便在水下停留较长时间。不难看出，这就是现代"水肺"（水中呼吸器）的原型。达·芬奇设计的装置构造和采用的材料，现在看来是非常原始的，但请不要忘记，这是500年前的设计，而且是出于一位名噪世界的艺术大师之手，这就显得颇有趣味和色彩了。还得补充一点，达·芬奇还进行过如何潜入深海的研究。不过，他对自己的研究非常保密，他认为公开宣扬这类技术，对人类常年不休的战争会产生不良的作用。因此，达·芬奇在潜水事业上还有哪些更为重要的贡献，现在人们就难以知晓了。

34. 古代的"鲛人"采用什么样的潜水方式？

当你看到身背氧气瓶的"蛙人"自由自在地在海中畅游时，可曾知道，在古代技术非常落后的情况下，人们进行水下作业都是采用裸体潜水的方法。我国古代通称潜水人为"鲛人"，这主要是因为古人把鲨鱼称作"鲛"，而潜

水采珠人可以像鲨鱼一样遨游海底,所以得了"鲛人"的美称。潜水"鲛人"在童年时代,就开始学习裸体潜水的

古代采珠图

技能,经过长期的学习锻炼,练就了一身潜水的真本领。有的"鲛人"能在深度不大的海底潜游1000米而不用换气;有的"鲛人"下潜时背上石块或铅块,以加快下潜速度达到更深的海底。几千年来勤劳、勇敢的潜水"鲛人"劈波斩浪、不畏艰险地潜游海底,采集珍珠、海绵和海藻等物产,为创造我国古代的物质文明作出了贡献。

35. 人类深入海洋的"拦路虎"有哪些?

人类自古以来就想上天入海,为此也付出了艰苦卓绝的努力,甚至以付出生命为代价。如今人类的足迹已经踏上了距地球38万千米之遥的月球,上天的梦想已经实现,并在朝着更远的目标奋进。但近在身边的深海,却仍然是一块神秘的禁地,人类至今还没有能力在离海面仅11千米的海底留下自己的脚印,这不能不说是一大遗憾。于是,人们也难免像李白那样发出"入海之难,难于上青天"的感叹了。

入海真的比登天还要难吗?至少到目前来说是这样的。这是为什么?因为入海存在着许多难以逾越的障碍,这就是我们所说的"拦路虎"了。首先是巨大的压力。

水深每增加10米,压力就要增加1个大气压。在11千米深的海底,压力将高达1100个大气压,不要说人的血肉之躯,就是普通的钢铁也会被压得粉碎。其次是呼吸问题,呼吸1个大气压的空气是人得以生存的首要条件,没有空气人当然活不成,空气的压力太高或太低也活不成。压力增加对人的呼吸是有影响的。在1个大气压下,人的呼吸器官能自由呼吸,在水下就不同了。人在水中,其胸部、肺部甚至心脏都要受到高于1个大气压的压力,因此就会受到挤压,特别是呼吸器官的肌肉力量不能克服这种压力而难以正常工作;压力一大,人就会因为无法呼吸而死亡。再次是恶劣的环境,黑暗、寒冷、复杂的海况甚至凶猛的鲨鱼,也都是人在海下活动不可小视的障碍。

可见,下海的确比登天难。但是,人类并没有被困难所吓倒,聪明的人们发明了许许多多可以利用的潜水工具,一次又一次地向深海冲击,也一步一步打开了通向海底的大门。

36. 潜水钟为什么能够用于潜水?

在漫漫的历史长河里,中国和外国的潜水装备发展和改进都是非常缓慢的。从古希腊到中世纪潜水科学始终没有系统地建立起来。一直到了16世纪,随着社会生产力的发展,资本主义经济的萌芽,自然科学、社会科学以及文学艺术都有了很大的进步,潜水科学也毫不例外获得了新的发展,潜水技术得到了很大的提高和改进。16世纪初,在救生工作中已经开始使用潜水钟了。

古代潜水钟

其实,潜水钟制造原理很简单。我们来做一个小试验,把一只燃烧着的蜡烛固定在一个罐头盒子上,再拿一只玻璃杯口朝下将蜡烛罩住,放在水中,蜡烛还能保持干燥继续燃烧。道理很简单,围绕在玻璃杯四周的水起到了隔离作用,空气不能排出杯外,因此蜡烛能继续燃烧。潜水钟的原理就和倒扣过来的玻璃杯一样,人在钟内就像在玻璃杯内的蜡烛,能继续自由呼吸。

37. 谁设计了世界上第一台实用的潜水钟?

最初的潜水钟有明显的缺点。因为钟内空气中所含的氧气很快就会被用尽,因此不能保证潜水员在水中停留较长时间。要解决这一问题,必须往潜水钟内供应新的空气。怎样才能供应新的空气呢?科学家们做了很多尝试。天文学家艾德蒙·赫里博士想出了一个办法,用一个密封的大桶将空气直接运到潜水钟里。赫里的这个想法施行起来很困难,只停留在理论上。1690年,一个叫

现代潜水钟

约翰的人发明了一个切实可行的方法——使用打气筒充气。他用胶皮管子连接着潜水钟,用打气筒把空气从水面上压下去。这种方法的优点是可以直接补充空气中的氧气,同时还能将钟内的水和多余的空气排出。这样从事海底作业的潜水员,就大大方便了。由此,约翰设计了世界上第一台可以应用的现代潜水钟。

38. 最早的潜水护目镜是用什么做成的?

住在水边的人,总是潜入水中去寻找食物和有用的物品。自古以来,民间一直流传着"靠山吃山,靠海吃海"的说法。在公元前 1300 年,就有了磨削得极光亮的龟壳制成的护目镜,这可能就是人类最早的潜水护目镜了。有了它,人们就能通过面罩观察到水底的珍珠、贝壳和海绵等所需物品。这种只戴面罩而不穿潜水衣的潜水就是自由潜水,它是不需要复杂机械的潜水。但是,赤膊的潜水员在没有外界的帮助下,要想潜入 30 米以下,几乎就不可能了。

而今天的护目镜与古代的不同,它是一具橡皮面罩,能起到护目镜和鼻夹的双重作用。面罩带有透明度良好的眼罩,整个面罩紧扣住脸的上半部,使水不能进入眼睛和鼻子。

39. 古老的水下呼吸器是用什么材料做成的?

有人把古希腊人和土耳其人称作现代潜水员的鼻祖。2000 多年以前,他们就开始在爱琴海探寻海绵。他们那时掌握的本领至今仍然有用。早期的海绵采集者在大量的实践总结中发现,带下水去的空气越多,他们在水下也就能呆得越久。起初,带空气下水只有一个办法,那就是用自己的肺吸足了气再下去。后来,有人想到可以把空气装在一个容器里带下水去。他们把这种装空气的容器叫作"水囊"。

利用"水囊"供气的古代潜水员

那么,古代人是用什么做水囊的呢?一张羊皮或一张猪皮,就是制作水囊的原料了。他们先把皮小心地从牲畜身上剥下来,经过适当处理后把整张皮缝死,只留一个口,就像气球的颈口一样。潜水者往这张皮里吹足了气,就可以带着水囊和石块下水了。石块可以使他本身和充了气的皮囊不往上浮。需要时,他就可以从皮囊里吸气,这样,就可以延长在水里的时间了。

40. 谁发明了被称为现代水下呼吸器的"水肺"?

在水下使用压缩空气的方法是多种多样的。最简单的方法是使用一根长蛇管。在水面加压可使压缩空气通过蛇管供潜水员在需要时吸入。那么,蛇管中空气的压力应该是多大呢?它只要与管外水的压力相同就可以了。另一种使用压缩空气的设备是水密潜水服。这种潜水服带有头盔,头盔上有透明的眼罩。头盔或潜水服上有一根蛇管与水面上的压缩气泵相连接,以供潜水员呼吸。

早在第二次世界大战时期,法国海军军官雅克·库斯托就开始考虑如何来改进这种潜水服了。1943年,他和一个名叫埃米尔·加涅昂的工程师一起发明了使用压缩空气的"水肺"。被称为现代水下呼吸器的"水肺"的确有如给潜水员外加了一个肺一样。

"水肺"所带的压缩空气装在潜水员背上坚固的金属瓶里。潜水员可以通过一个管嘴呼吸瓶里的空气。与管嘴相连的管子通过非常特殊的安全阀与金属瓶相连接。这种安全阀只允许一定量的空气在一定的压力下从气瓶里进入潜水员肺部。"水肺"是最早的切实可用的现代水下呼吸器。

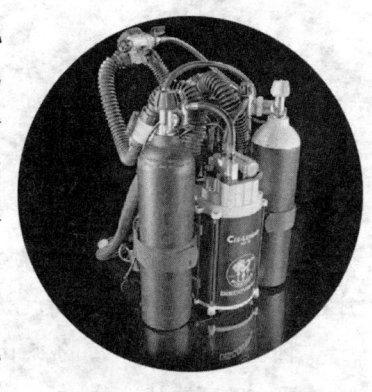

水肺

41. 20世纪最出名的潜水专家是谁?

在欧洲,提起雅克·伊夫·库斯托,几乎无人不知。库斯托的名字和他在海洋科学,特别是潜水技术方面的贡献,为法国赢得了荣誉。

库斯托和埃米尔·加涅昂工程师合作,最早研制出带有压缩空气瓶的自控潜水工具。1951年,他和另外一位工程师合作,研制出第一套水下电视传输装置。以后,库斯托研制的许多海洋研究仪器设备,被广泛使用,如潜水器、实验室浮标、水下摄影器材等。

库斯托的贡献远不止这些,他亲自主持了被称为"大陆架"计划的水下生活试验,先后建造了3座用于科学试验的水下住房,并于1962年、1963年和1965年先后三次进行了潜入海底长时间停留试验,并获得成功。

雅克·伊夫·库斯托照片

1957年,库斯托被委任为世界著名的摩纳哥海洋博物馆馆长。为了推动世界各国海洋科学研究的进一步合作,1973年,他在美国发起并创立"库斯托协会",1981年他又在法国创立"库斯托基金会",在法国有6万会员,在美国有30万会员。1989年6月巴黎为他建立了"库斯托海洋中心"。

因为在潜水方面的杰出贡献,库斯托先生被接纳为法兰西学院院士。法兰西学院是1635年由法国国王路易十三的总管里舍留创建的。该学院专门接纳世界著名法语学作家和具有卓越贡献的人士。学院仅有40个院士,只有在学院缺位的情况下才能增选新的院士。因此,荣获该院院士称号的人在欧洲享有很高荣誉,一般数十年仅有一至两人当选。

42. 谁发明了世界上第一套潜水服?

法国人在潜水历史上写下过辉煌的篇章,与之相邻的英国人在涉及水下的技术方面也有过突出贡献。1815年,拿破仑战争结束后的遣散时期,德国炮兵中尉奥古斯特·西贝来到英国,开始了潜入水下的研究。

1819年,西贝创造出了世界上第一套潜水服。这套潜水服的主要组成部分是一个铜制头盔,下接皮制垫肩,以保持头盔的平衡。头盔上有管线通到水面的手动气泵上,提供潜水员呼吸用的气体,废气从衣服的下端透泄出去。使用这套潜水服,可完成一些简单的水下操作。

当时的英国政府对西贝式潜水服进行了验证,并很快在海军和有关公司中推广使用。由于西贝的成功,也促成了西贝·戈漫公司和一家专业学校的成立。这家以西贝名字命名的英国公司,至今仍然存在。

43. 你知道装甲潜水服是什么样的?

潜水作业的实践证明,对潜水员身体无损害的安全潜水深度一般都是水下60米~70米,因此,如果要下潜到水下100多米的深度,使用一般的轻型潜水服装,显然是不行的,必须创造一套新型的潜水服装。这就是后来的装甲潜水服。

干式潜水服

这种新型的装甲潜水服,它的外形很像科学幻想小说中所描写的"海怪"的样子,全身披着盔甲,头上有三只眼睛,四肢非常粗大。装甲潜水服是由一个钢制的大圆筒做躯体,用厚玻璃做眼睛——观察窗口,双手和双脚的关节部位都用活动螺丝拧起来,为减少磨擦增强灵活性能,里边安装了滚珠轴承,为了密封在关节部位外面又罩上一层有弹力的橡胶软垫,在海水压力的作用下,胶垫紧紧地包住各个关节的光滑表面。这样便于潜水员穿着装

装甲潜水服

甲服活动和作业。这种装甲潜水服,确切地讲,实际上是一部水下机器。潜水员工作的地方需要用功率强大的探照灯照明。穿装甲潜服的潜水员是不能单凭感觉进行水下作业的,因为他们的双手被金属螺丝做的手套罩住了,什么东西也摸不到。后来又把手套改做成两把老虎钳子(即机械手),在老虎钳子上又装了两只袖口。这两只"手"就可以在袖口的保护下进行工作了。

44. 减压舱在潜水中有什么作用?

大家都知道,水越深,压力就越大,并且水深每增加10米,压力就增加一个大气压。在某一深度工作的潜水员必须使自己肺里的空气压力和体外水压保持一致。因此,在10米深处,他的肺里所需要的空气分子必须是在水面时肺里所含的两倍。当潜水员完成工作露出水面时,肺里的空气压力又必须同体外保持一致。如果他露出水面的速度太快,这种空气就会炸破肺泡而危及生命。因此,他必须慢慢上升。

那么,潜水员在水中一降一升,气体压力的一增一减,气体在人体内会发生什么变化呢?原来是这样的:氮气在我们呼吸的空气里占五分之四。潜水员下潜时,随着水下气压的增加,更多的氮气在人体血液里分解了。

当潜水员露出水面、压力消除时,氮气不能保持溶解状态。如果潜水员露出水面太快,已经分解在血液中的氮气不能及时释放出来,就会在血液中形成气泡组成流体,这便会引起减压病或潜水病。所以潜水员在完成水下工作以后,必须先进入水面的减压舱。减压舱里的压力逐渐减少,氮气慢慢从人体血液中释出,然后通过呼吸排出。

45．最简单的轻型潜水装具是什么样的?

生活在海边的朋友经常会看到这样的情景:一个渔民头上只戴着有供气管的玻璃罩面具就潜到水里捕鱼去了。其实渔民所使用的就是最简单的潜水装具,正像潜水艇上使用的水下供气管一样,呼吸就在面具里进行,空气从呼吸管的顶端管口进入管内。如果遇到波浪涌到管口时,也不必担心海水灌进管子里去。因为在管口上接有一只塑料的塞子,当海水冲上来,碰到管口时,塑料塞子自己就能漂浮起来,自动将水下呼吸供气管的入口堵上。

水下呼吸供气管

潜水员有了水下呼吸供气管就可以在浅海中漫游、狩猎捕鱼、采集珍珠、研究考察,确实十分方便。尽管如此,水下呼吸供气管仍有很大的缺点,它只能供潜水员在离海面较近的浅水层中使用。这是因为随着水深的增加,水的压力就越大,呼吸管很容易被压瘪。另外,呼吸管的顶端是绝对不能没入水里的。因此潜水员使用水下呼吸供气管仍有很大的局限性,不能更自由地到处游弋,也不能在深水层中进行长时间的海底作业。

46. 重潜水和轻潜水有什么不同?

我们在电视中经常会看到潜水员在水下穿着笨重的潜水服,戴着巨大的头盔,看似一个庞然大物,这就是通常所说的重潜水,也就是潜水员穿戴重型潜水装具的潜水。它通过水面软管向潜水员输送呼吸气体。随下潜深度增加,输送的呼吸气体成分不同,有氧气、压缩空气、氦氧或氦氮氧混合气体。潜水深度超过60米,呼吸气体中需掺入比较昂贵的氦气,常采用喷射再生式氦—氧潜水装置,吸收呼吸气体中的二氧化碳等废气,补充其中消耗掉的氧气,然后继续循环使用。重潜装具通常由头盔、领盘、压铅、潜水衣、潜水鞋等组成。

重潜水装具

轻潜水又称自携式潜水,是指潜水员自己携带呼吸气体下潜。潜水员在水下能自由活动,作业范围广,并能和潜水钟式潜水器等配合使用,是现代潜水技术中的主要潜水方式。潜水员呼出的气体有3种处理方式:直接排出装具的为开放式,开放式通常呼吸压缩空气;全部回收,经净化和补充氧气后继续使用的为密闭式;少量排出,大部分回收的为半密闭式。密闭式和半密闭式一般用于提供氦氧或氧气的潜水装具。轻潜装具通常由咬嘴、呼吸器、铅块等组成。

47. 什么是间接潜水？

间接潜水是指利用能够承受海水压力、内部保持常压的抗压（如盔甲）潜水服、潜水器等装具进行潜水。通常在作业后,潜水人员不需要进行减压。

抗压潜水服是一种用轻质合金制成的,外形像人,四肢各关节可以活动和弯曲。它的头盔上有透明观察窗,机械手随装具内人手的活动做相应的动作。这种潜水服备有供气系统和空气净化装置,在1980年时下潜深度就已达到500米。

潜水器则是一种自带推进动力和观察设备,既能在水面行驶,又能在水下独立进行工作的运载器。潜水员可以在无水的常压舱内,利用观察窗或电视系统等直接向外观察水下情况或利用机械手作业。最初的潜水器大多用于水中和海底观察。从20世纪60年代开始,载人潜水器大多装备有机械手和多方向的推进器,不仅能够进行水下观察,还能进行各种水下作业。到20世纪70年代发展了潜水员可以在水下出入的设闸式潜水器,把直接潜水和间接潜水结合起来。此外,还发展了能在水下和潜艇接口的深潜救生艇。目前载人潜水器的下潜深度大多在2000米以内,最深可达10000米以上。

48. 什么是无人潜水技术?

无人潜水是指依靠遥控操作的无人潜水器在水下执行观察和作业任务,操作人员不直接进入水下。无人潜水器有多方向的推进器、水下姿态控制系统、水下照明、电视摄像系统和机械手等装置。按其能源和控制方式不同,可分为有缆和无缆两种。有缆无人潜水器是于1953年研制成功,直到1978年才开始用于海洋开发。最早的无缆潜水器是20世纪70年代中期才开始发展的,但目前仍是有缆的无人潜水器占多数,它的下潜深度已达7600米左右。70年代后期开始研制的"海洋机器人"能代替潜水人员进行更多的潜水作业。

49. 自携空气轻潜装有哪两种?

现有的自携空气轻潜装具分为循环式和开放式两种。

从"循环式"的名称就可以看出这种轻潜装具的工作原理是循环的。它有一个空气罐,一个高浓度压缩的氧气罐装在密封的帆布袋里,帆布袋的下方有一个呼吸供气囊,潜水员的口里咬紧一个橡胶嘴,并从胶嘴上吸气,空气从空气罐中放出,通过蛇形的充气软管进行循环。当空气流近口边时,一个小小的单向阀自动打开,空气流进口内。在往外呼吸时另一个单向阀就会打开,呼出的充满了二氧化碳的空气通过第二条蛇形轻管进入装着化学药物(钠石灰)的吸收剂金属罐中,钠石灰与二氧化碳相遇产生化学反应将二氧化碳吸收产生氧气。经过净化的空气又流回软管。如此反复循环,使潜水员能够呼吸到净化的空气。

开放式轻潜装具通常包括背在潜水员背上的氧气瓶,两边有两条充气软管,软管一头连接着贮存空气(或氧气)的氧气瓶,另一头通往咬嘴,根据需要,减压装置可将定量的空气充入咬嘴中。呼吸时废气通过另一条呼吸软管将气泡排入海中。正因为它的结构简单,使用非常方便,所以这种潜水装具已被世界各国广泛使用。你能设计一种比这更简单、方便、安全的轻潜装具吗?

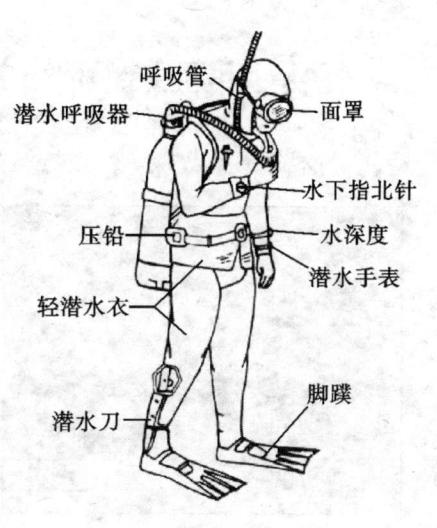

自携式潜水装具

50. 为什么说"电子肺"是当今世界上最先进的潜水装具?

当今世界最先进的潜水装具要首推"电子肺"了。电子肺的突出特点是体积小、携带方便、行动自由。精巧的空气瓶背在背后,呼吸气袋扎在胸前。最让人叫绝的是,潜水员呼吸的氧气和混合气体的成分比例随着下潜深度的变化可以由传感器通过计算机控制自动调节,这与传统的潜水器有着本质的区别。如果潜水员使用这种最新式的潜水装具就可以潜游到300米深的海水中去,持续工作时间可达6个小时呢!这种潜水装具的工作能力真是让人赞叹不已。

51. 水下婚礼是怎样举行的?

近几年,国外流行一种奇特的结婚典礼,那就是水下婚礼。它的含意极深,象征两人的爱情和海一样深。

水下婚礼

美国有一对幸运的青年比尔·巴罗和拉瑟埃·施赖泽,他们的婚礼就是在水下举行的。新郎是一位职业潜水教员,新娘则是一名对潜水运动有着浓厚兴趣的业余爱好者。他们的婚礼是在佛罗里达州的基拉戈国家海上教堂的水下进行的,证婚人由潜水中心的主人担任。结婚这一天,他们一身潜水装束,用潜水石板互相交换了誓约,有20人在水下参加了他们的婚礼。许多美洲鳗鱼在他们周围漫游,给仪式增添了更多活跃的气氛。

当然,还有更有意思的水下婚礼呢。美国夏威夷岛上男女青年是以游泳成婚的。在结婚典礼仪式一结束,新婚夫妇就在双方亲友的陪同下来到海滨,尽情歌舞。然后,男家挑选出几位健壮的小伙子,把新娘举起投入大海。与此同时,女家也挑选出几位姑娘,把新郎举起投入大海。入海的夫妻并不惊慌,双双向早已停在附近岸

海洋工程

边的一只小船游去。当然,船上早已为他们准备好的各种食物和生活用具,两人上船后,便向亲友告别,划着小船到一个小岛上欢度蜜月去了。

而在马达加斯加西部的马其卡巴吉马拉,流行着另一种奇特的游泳婚礼。在婚礼开始时,双方亲友簇拥着新郎新娘来到海边,新郎先挽起新娘的手共同向亲友来宾道谢,然后一同卸去婚装,穿着游泳衣双双跳进海里向深水处游去。此时,岸上的人高唱"婚礼歌"鼓掌助兴,约半小时后,新婚夫妇才游回岸上,重新穿上婚装,与亲友们一同回家举行婚宴。

52. 水下竞技运动是怎样进行的?

你听说过海底的摔跤、赛跑和球类比赛吗?这些水下竞技运动近几年十分普遍。前苏联一个海底俱乐部首创了水底摔跤运动。参赛者要腰系加重腰带,头戴呼吸面罩。有趣的是,水底摔跤比起陆地摔跤更具有立体感和戏剧性,因而比赛常使观众捧腹大笑。

在加勒比海的浅海区水底,每年都要举办数次海底百米赛跑。可以想象在平坦的海底,要夺取百米

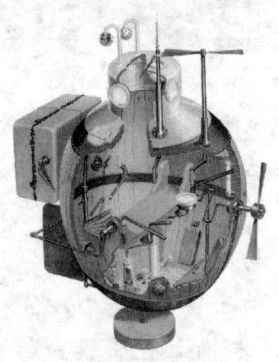

早期潜水船

跑的冠军可不是那么容易的,因为运动员不仅要有精湛的潜技,而且还要携带呼吸器和克服浮力的一定重量的物品呢!

近几年来,北美和西欧的一些国家,经常在海滨避暑

胜地举行水下各类球赛,如冰球赛、曲棍球赛、橄榄球赛等。这是集娱乐、健身、消暑于一"赛"的颇受游客欢迎的活动。如果没有高超的潜水技艺,是不可能参加这项活动的。

53. 木桶潜水器产生于什么时代?

1714年,英国潜水员约翰·莱瑟布瑞治独出心裁,制造出了一个奇异的木桶潜水器。木桶的设计十分巧妙,顶端是可以打开的密封盖,潜水员从这里进出木桶;侧面上部是一个观察窗口,下部有两个密封套筒,双手可以从这里伸出桶外进行水下作业。莱瑟布瑞治把木桶吊在一艘旧船下,在英国普利茅斯、马德拉等地近海进行了潜水活动,结果大获成功。

木桶潜水器

后来,法国人也仿制了这样的木桶潜水器,用来打捞马赛港水下沉船中的财宝。当时的马赛港总督埃里古尔骑士曾对这一历史事件作了详细的记述,他是这样写的:"木桶上有压载金属块,使木桶能顺利下潜。潜水员可借助双手在海底移动,如同一只漫步园中的乌龟。木桶由一条长绳系在滑车上,滑车固定在船的横桁上。潜水员拉动手中的信号绳时,船上人员转动滑车,把木桶拉上水面进行换气或运送打捞上来的金币。木桶上下各有一个小孔,是作排水换气用的。用风箱向上面的小孔吹气,积水和废气由下面的小孔排出,塞好小孔,木桶接着下潜。每次下潜时间约为4分钟,一个潜水员可连续工作几个小时。"

54. 哪种潜水装具最好?

你也许会问:我们想到水下去游玩,穿什么样的潜水装具最好呢?有多年潜水经验的潜水员们的体会是:哪一种潜水服装使你工作最方便,哪一种装具对你最能发挥个人的活动能力,你就选择哪一种潜水装具,对你来说它就是最好的。譬如你要在南海西沙群岛附近的海域内潜水,这里的水温较高,你穿上脚蹼和游泳裤衩,带上潜水刀和呼吸器就可以。如果你要到渤海、黄海、东海或是在陆地上的湖泊、江河、水库里潜水,或者是在低温和秋、冬、早春时节下水,那么你最好穿紧身的保暖橡胶制的潜水服;这种潜水服一方面能保持一定的体温,另一方面还能防水。背上背一个10千克~15千克的氧气瓶,穿上这样的潜水装具,你就可以自由自在地"泳翔",欣赏令人神往的水下世界了。但是,还有一件重要的事情要注意噢:在水下能停留多长时间,主要取决于氧气瓶贮存的氧气容量。另外,还必须考虑到水下游泳活动量的大小和作业强度的大小。到水下从事的作业劳动强度越大,所需要的氧气也就越多。

55. 人类潜水的极限深度是多少?

大家都知道随着潜水深度的加大,水的压力就急剧增加,潜水员潜水时胸部有强烈的挤压感。有的潜水员潜到2米的深度时,两耳就有疼痛感了。这种海水压力是人类潜水的最大障碍。

当潜水员吸入的空气和水压力相等时,人不会感到胸腔上有很重的压力。这是因为两种相等的压力从相反的方向作用于一个物体时,不管这种力量有多大,只要它们是相等的,潜水员就没有被压碎的危险。不论是在15米的浅海或是在150米的深海中,他都不会发生粉身碎骨的惨剧。现在对潜水员的身体无损害的安全潜水深度一般都公认是水下60米~70米。如果使用最先进的"电子肺"等潜水设备,则可以到达300米的深度了。假如再往深去,那么就会有一定的危险了。

人的潜水极限深度到底是多少?能不能创造更深的新记录?至少到目前这还是个未知数,但是有一点是肯定的,人类一定能以丰富的智慧征服超深潜水方面的障碍,获得在海底世界的自由活动的更大权利。

56. 引起潜水病的真正原因是什么?

潜水也能得病吗?这可能是许多人都会提出的问题。是的,潜水时如果处理不当,就有可能得一种致命的病症——潜水病。引起潜水病的真正原因是什么呢?法国科学家波列·贝尔特发现了它的真正原因。

实际上,人们平时吸入的空气在血液中溶解,随着血液循环进入人体组织。压力越大,人体内血液中溶解的气体也就越多。空气的成分基本上是由氧(约占五分之一)和氮(约占五分之四)组成。氧进入人体组织之中就被吸收了,而氮是不被吸收和利用的,因此,当潜水员呼吸压缩空气时,在他身体的组织中(如血液,肌肉,关节等)迅速积存起大量的氮。当然,氮是可以顺着血液和器官排出体外的。当有一定压力的时候,潜水员并不觉得疼痛,这时的潜水员就像一只装满了汽水的瓶子——"咝咝"冒气的液体(汽水、啤酒、香槟酒等等)就是用压力把气体打入瓶子里去的。当压力大的时候,气体呈现出溶解状态,

潜水病形成的原因

一旦打开瓶子口时,压力减小,气体就猛往外冲。空气在潜水员的身体里也是这样,如果水的压力突然减小,血液中多余的氮就会往外迸出,爆裂血管。说到这儿,你知道潜水病是怎样产生的了吧!

57. 怎样消除潜水病?

　　法国科学家波列·贝尔的理论告诉我们,潜水病是由于氮气在压缩后聚集在人体内,如果人在水中上升,突然从深水层漂到海面,身上所受的压力骤然减小,那就会像汽水瓶一样,这时氮气在人体的血管、关节和肌肉组织中形成气泡,给人体带来减压病,也就是氮高压病。如果人在潜水时从水中慢慢地升出水面,那么,身体承受的压力就会逐渐减小,氮气便从人体内慢慢排除,不会给人体造成重大的损伤。这个逐渐减少压力的过程需要很长时间,如果一个人在300英尺(1英尺=0.3048米)深的水下仅仅工作1小时,那么,他上升到水面的整个过程就需要

7.5 小时。

58. 潜水时怎样消除深部麻醉病？

在潜水过程中，潜水员往往会得一种叫作深部麻醉的病。每当下潜超过 40 米，潜水员们常常会出现一种神志错乱的奇怪现象，突然失去意志力和自我控制的能力。起初，他们感到快乐和兴奋，然后开始头昏眼花。在昏迷恍惚的状态下，他们变得手足无措，不知道上和下，并且常常会往更深的地方游去，最后终于完全失去知觉。

科学家们已经查明，这种奇怪而危险的深部麻醉症，是由于空气中的氮气已经渗透到了潜水员中枢神经系统的细胞而引起，属于潜水病的一种。既然是氮气在作怪，那么，为什么不可以设法把氮气除掉，换上其他没有麻醉效应的气体，制造一种更适合于水中呼吸的人造空气呢？于是，科学家们开始着手寻找那些不会引起麻醉的气体。经过反复试验，人们找到了氦气。科学家们惊奇地发现，用氦氧混合气体进行试验，在压力达到 50 个大气压力之前，也就是说在水深不超过 500 米的海中，根本就没有麻醉效应。

1960 年，瑞士科学家汉尼斯·克勒尔借助水肺，向着寒冷的马乔列湖深处潜去，呼吸的就是氦—氧混合气体。他下潜到了 150 米，然后安全地返回到了水面，丝毫没有产生麻醉。这次潜水试验非常成功，同时也证明了在深海中利用氦—氧混合气体代替普通空气对于消除深部麻醉是有效的。利用同样的方法，1977 年 10 月 18 日，法国人又在地中海做了一次探险实验，创造了深潜 501 米的新记录。

59. 气球飞行员皮卡德对深海潜水作了什么样的贡献？

海洋占地球面积的 71% 以上,并且是地球上大量生物的生存之地。然而,令人遗憾的是,人类享有这片生存环境的自由度却是有限的。向海洋进军的最大障碍是压力,戴有水下呼吸器的潜水员只能触及从海面到洋底最深处的 0.23% 处,人类如果能承受几百个大气压的压力,潜入深海就有希望了。

人类潜水的局限性引起了瑞士的气球飞行员奥古斯特·皮卡德的注意。他凭着自己的数学、物理才能,觉得气球的原理值得应用。他想,气球在空中上升,既然可以采取密度小的气体取代密度大的气体的方法,那么,潜水球在水中升沉,为什么不可以采用以密度小的液体取代密度大的液体的方法呢？

皮卡德父子

这是一个好主意。皮卡德首先想到的是汽油。汽油的密度比海水小得多,只要是一个充满汽油的浮箱,它就可以浮在水面。在实际应用上,如果附加一些密度较大的压载物,潜水球就可以沉下去。而一旦将压载物释放,装满汽油的罐桶就把减轻了重量的潜水球托到水面上来。皮卡德使用的是受电磁体控制的小金属球,水手只需切断电磁体内的电流,这些金属球便会脱落,它就可以从海底上升了。倘若在潜水球上配备一套电动推进器,那么,它就可以作水平运动了。这样的潜水球,不需借助母船,也不要钢缆悬挂,完全能在深海中自由航行。为了区别起见,人们将皮卡德设计的这种潜水球叫作"深潜器"。

60. 皮卡德深潜器的性能如何?

皮卡德研制的一艘深潜器的圆形舱室直径为2米,壁厚9厘米,窗口和进出口处又加厚到15厘米,玻璃窗是用厚15厘米的有机玻璃做的。整个深潜器可以承受1600个大气压,海洋中任何地方它都能去。此外,它还配有30立方米的汽油浮箱和大功率的电池。

皮卡德观测潜球

1948年11月3日,美国皮卡德教授设计的深海潜球第一次在北非达喀尔海面下潜。无人驾驶的深潜器下潜到了水下1373米的深度。后来深潜器结构又加以改进,1953年9月皮卡德带着他的儿子小皮卡德在第勒尼安海潜入了3150米的深度。当潜球在潜海层中,父子两人透过窗户,看到了窗外的海水呈现了一片明净、晶莹、幽美的景色,他俩饱赏了美丽无比的湛蓝海水和水下生物放射出来的彩色光芒,这真像神话中的水晶宫。皮卡德教授完全被这从未见过的奇景吸引住了,一老一少一起坐在窗口以惊奇和崇敬的心情观赏着海底奇景。这就是世界上第二艘完全不受水面操纵的深潜器第一次潜水的情景。

61. 世界著名的载人深潜器有哪些？

深潜器到达万米深的马里亚纳海沟,说明海洋已经不存在人类的禁地。于是,人们为了探测海洋,更青睐这种通往海底的交通工具——深潜器。

载人深潜器的历史最早可以追溯到1934年。20世纪70年代以来,随着技术的不断进步,载人深潜器已成为海洋考察的标准性"工具",并得到广泛应用。目前,全世界共有各

日本研制的"深海6500号"深潜器

类载人深潜器13艘,其中11艘由日本、法国、俄罗斯和美国的不同国家使用;超过4000米水深的载人潜水器共有5台,分别属于美国、日本、俄罗斯和法国;正在研制的有3艘(包括中国正在研制的7000米载人潜水器)。

日本的深潜器技术居世界领先地位,研制出多型载人深潜器,如深海6500型、深海2000型等。深海6500型于1989年8月成功下潜到日本海沟东侧6527米海底,创载人潜水船深潜世界纪录。俄罗斯是目前国际上拥有深海载人潜水器数量最多的国家。1987年9月建成的"和平1号"潜水器最深达水下6170米,工作持续14小时;"和平2号"潜水器达6120米。近20年来,两艘"和平号"载人深潜器在太平洋、印度洋、大西洋和北极海区共进行了数十次科学考察。美国"阿尔文号"载人潜水器于1963年下水,1991年创下了当时下潜深度4550米的最好成

绩。法国研制的"鹦鹉螺号"建造于1984年,最大下潜深度为6000米,截至目前已经下潜近1500次,由法国海洋科学研究院负责管理、维护和组织使用。

目前,我国正在加紧研制7000米载人深潜器。该型载人潜水器建造设计已经完工,并于2010年5月份进行海试,下潜深度达到3759米。我国7000米载人深潜器研制工作主要由702所担纲,将成为世界上下潜最深的载人潜水器,可到达世界99.8%的洋底。

62. 无人驾驶深潜器有哪些?

深潜器是人类开发海洋的得力助手,但由于它需要人工操作,必须绝对保证人在水下的安全,所以在载人深潜器内必须有一套可靠的生命保障系统。这就使深潜器的制造成本大大提高,也限制了它的进一步发展。于是,无人驾驶的各种新型深潜器就应运而生了。

水下无人驾驶深潜器

ROV是一种无人驾驶的深潜器,它最初是由美国海军在20世纪60年代开发的,它不需要人工直接操纵,而是通过绳缆自海面进行操纵、供应电力和通信。它比载人深潜器要安全得多,也便宜得多。

首先使用ROV的是海洋油气产业。80年代以后,ROV发展十分迅速,1994年就建造了20多套。1995年以来,人们又热衷于用电力遥控的小型ROV推进装置,有电动的也有液压的,或两者结合。现在,ROV 已成为海洋石油开采的可靠工具。

自 80 年代以来,我国也开始了深潜器的研制。我国第一艘载人深潜器的最大下潜深度达到 600 米。第一台无人遥控深潜器于 1985 年底研制成功,潜深 200 米。1989 年,我国与加拿大合作研制的 ROV 投入水下作业,它由电脑控制,能在水下完成自动定位和定航向,装有 5 个功能机械手和水下摄影机,最大前进速度达 2.5 千米以上,最大水深 200 米。我国还与加拿大合作研制成作业深度为 300 米的 ROV。

上海交通大学水下工程研究所研制的"6000 米海底拖曳观察系统",于 1998 年赴太平洋进行深海多金属结核(锰结核)勘察工作,立下了赫赫战功。

63. 最先进的无人深海探测器是哪一个?

日本的海洋科学技术中心,主要从事深海探测、研究海洋变化和进行沿岸开发等工作。其中,深海探测技术在世界上得到很高的评价,深海探测器等机械设备与美国、法国等国的设备并居世界第一。

该中心研制的"海沟号"无人潜水探测器,于 1997 年 2 月 24 日在太平洋关岛附近海区,从"横须号"母船上放入水中,成功地潜到 10911 米深的世界最深的马里亚纳海沟底部,这是无人探测器的潜水世界最高纪录。除"海沟号"外,该中心还拥有"海豚 3K 号"无人探测器(最大潜水深度为 3000 米)和大家已经知道的"深海 6500 号"(最大潜水深度为 6500 米,可载 3 人)、"深海 2000 号"(最大潜水深度为2000米,可载3人)两个载人探测器。

"海沟号"深潜系统从1991年开始制造部件,然后在三井造船公司的玉野造船厂组装和试验。1993年5月27日在纪伊水道进行了首次海上试验,6月10日又进行了第二次试验。它主要由控制和操作两部分组成,控制机上装有1台电视摄像机和傍侧扫描声呐。操作机上装有5台电视摄像机和一对机械手。

"海沟号"深潜系统

64. 潜艇一定是用于战争的吗?

潜艇是一种既能在水面又能在水下航行的特殊"船只"。说到潜艇,大家都把它想象成一种进攻水面船只的理想攻击平台和理想的武器。其实早期人们建造潜艇还有一个主要的用途,就是把它作为一种探测海底世界、进行海底勘探和科学考察和人类赖以在海底工作的工具,用于认识未知的海底世界。

不过到后来,人们发现它更适合于作为一种水下攻击武器,所以到目前为止,潜艇还是作为一种军舰在发挥它最大的作用。当然,目

科学考察小潜艇

前人们也越来越认识到潜艇在科学考察和海底观光旅游的作用，潜艇的用途也正日益广泛。

今天潜艇的作用不只是局限于增强海军力量，许多小型潜艇正在越来越多地用于执行各种任务。它们用来在海上搜索丢失的物品，它们又是埋电缆、检查或维护油、气管道的理想工具，此外，还用来研究海洋动物和植物生长和分布情况，检查发展渔业的措施。

在人类征服海洋的进程中，潜艇立下了汗马功劳。

65．世界上最早的潜艇是由谁建造的？

早在1620年，英国就首次出现了一艘可供使用的潜艇。一位侨居英国的荷兰内科医生屈莱贝尔至少建造了3艘潜艇。它们是用涂了油脂的皮革蒙在木头架子上造的，两边接着羊皮袋，从外表上看，像一艘盖得严严实实的大划艇。屈莱贝尔潜艇中最大的一艘有12名桨手，在泰晤士河上沿江而下做了多次成功的航行。

在以后的150多年里，有人也几次建造过潜艇，但没有在屈莱贝尔潜艇的基础上做了任何真正的改进。直到1776年，美国耶鲁大学的学生布希耐尔才设计并建造了一艘很好的单人潜艇。这艘被命名为"海龟号"的潜艇是用木头做的，像一只大桶，直立在水中时又像一个立着的鸡蛋。"驾驶员"高坐在这只小艇的中部，从水密舱口下的窗子里朝外望。他可以让水进入"海龟"的底部，将船几乎沉到与水面齐平，然后转动螺旋桨使小艇前进。他要是想完全沉下去，就转动另一个朝上伸出的螺旋桨；要回升到水面上来，就使用脚泵将水压出。

另一个美国人,也就是轮船的发明者富尔顿,在1800年也建造了一艘实用潜艇。这艘叫"鹦鹉螺号"的潜艇约有7米长,它的工作原理与"海龟号"相同,但在可折叠的桅杆上有一张帆,船在水面上行驶时可加大速度。上述这两种潜艇的最大缺点是要靠人力操纵。与现代潜艇比较,它们只不过略胜于小孩的玩具罢了。潜艇也像汽车和飞机一样,需要靠合适的发动机驱动。

66. 潜水对海洋生物学家们有什么帮助?

在很长时间内,海洋生物学家的实物研究对象仅仅是渔网和探测器所能从海中捕获上来的生物。而现在的生物学家可以到海底观察来来去去的海洋动物。鱼儿们或许把他们视作自己的同类,友好相待。他们在海底有时也会受到鲨鱼的袭击。不过在鲨鱼有可能出没的地方,他们总会带着自卫武器,或者在一个能使鲨鱼保持在安全距离之外的金属笼子里工作。

现在的海洋生物学家不仅能直接见到活生生的深海鱼类,而且还可以把它们捕捉上来。但是,由于深海鱼类习惯于承受极大的水压,如果用渔网把它们拖出水面,它们会因为来不及适应变化了的环境而死亡。现在,科学家们已经掌握了一种捕获深水鱼类标本以供研究的新方法。他们用大塑料袋捕鱼,然后把袋子连水带鱼带往水面。在上升的过程中,每次为减压而停留时,袋子里的鱼也进行了减压。用这种方法捕获的深水鱼在离开海洋以后多数都不会死亡,非常适合海洋生物学家研究之用。

67. 水下考古诞生于什么时候？

水下考古的前身，可以追溯到 20 世纪以前。一些沿海渔民打鱼时，曾发现过古代文物。但严格来说，这还只能算是一种以收集纪念品为目的的探险活动。真正科学意义上的、以学术研究为目的的水下考古工作，还是第二次世界大战以后的事。一些在战争中发展起来的先进技术，大量应用于各行各业，个人潜水装置和潜水艇、水枪、真空吸尘器等开始应用在潜水探测方面。这使得考古学家可以在水底考察沉船的结构以及货物在船上的堆放情况，从而进行科学的绘图、摄影，研究和了解当时贸易、经济、造船、航海等各方面的情况。从此，人们已不再局限于在陆地上寻找人类的过去，也能深入水底去探索人类祖先的遗迹了。

水下考古

68. 水下考古的黄金时代是什么时候？

第二次世界大战以后一直到 20 世纪 60 年代，是水下考古初期的黄金时代，这期间曾有一系列重大发现。以地中海为中心的水下考古尤为突出，因为地中海自古以来航运就很发达，早期频繁发生的海难在海底留下了大量沉船。由于地面下沉，海水侵蚀海岸，也吞没了沿岸的许多港口。这里水温适宜，海水清澈，天气晴朗，这些优越的条件,吸引了当时大批的水下考古爱好者。他们在这里大显身手,成绩卓然。在地中海东岸的土耳其,乔治·巴斯和彼得·恩罗克莫顿率领的宾夕法尼亚大学水下考古队在此工作,他们配备有一艘名叫"埃士罗"的双人潜水艇,这是第一艘专为考古而造的潜水艇。从1958年至1960年,巴斯和恩罗克莫顿将土耳其人发现的那艘公元前1200年的沉船打捞了上来。船上

水下遗址

有大量铜块和青铜器,专家们藉此了解了青铜时代腓尼基人青铜冶炼的许多情况。在地中海南岸的突尼斯,马赫迪耶成了水下考古的一个天然实验室和胜地。1948年,雅克·伊夫·库斯托率领法国考察队来此,他们首次将水中呼吸器用于考古。

20世纪70年代以来,水下考古进入一个新的发展时期。随着科学技术的进步,水下考古的手段更加多样化,方法也日益成熟。考古学家已经能较准确地发现并测定沉船的位置,下潜的深度也较过去深得多了。在发掘沉船时,考古学家采用了与陆上发掘类似的方法,即先在沉船所在位置的相当范围内建构框架(这类似于陆上发掘的方法),然后较精确地实施测量、绘制坐标位置图和拍照。这样,水下考古的科学性就大大增强了。

69. 在茫茫大海上怎样打捞沉船？

对职业潜水员来说，打捞黄金和其他贵重文物，并不是主要的任务。他们最经常的工作是对海上船只进行抢修、打捞沉船和抢救海上遇险的船只。打捞沉船的方法是给沉没在海底的船只以一定的浮力，使它能从海底浮出水面。

通常使用的打捞沉船的工程技术方法

海底沉船

有四种：一是利用浮力打捞的方法，在打捞时利用沉船本身的浮力，或是使用浮筒等打捞工具在充气排气后产生浮力的情况下，将沉船浮起来。二是使用机械力的打捞方法，利用起重机、浮吊等起重设备的机械力将沉船提出水面。三是混合打捞法，在打捞时同时用上述几种方法。四是解体打捞法，将沉船分割成几段，利用浮吊或其他起重设备分段吊起。

70. 抗战时触礁的日本军火船是怎样被打捞上来的？

1960年，广州打捞局接受了一项打捞日本沉船的任务。这只沉船是在20世纪40年代初抗日战争时期触礁沉没的，地点在我国广东省汕头附近，海水已将它浸泡了20年。日本侵略者当年曾使用这只船运输军火。将它打捞上来，对揭露日本侵略者的侵略罪行和进行爱国主义教育都有重要意义。在打捞中选择的是使沉船封舱自身产生浮力的打捞方法。在封舱打捞之前,派出潜水员对沉船进行全面的调查和堵漏,然后水面工作人员和潜水员测定了所需封舱的部位和制作封舱板的大小尺寸。先由一名潜水员在封舱板上钻好了穿孔,为安装抽水机和充气接头提前做好准备,然后由两名潜水员下水执行封舱任务。当全部的封舱工作完成后,用抽水机抽空舱里的海水。在抽水时为了不使舱室被外面强大的海水压力所破坏,要不断地往舱里注入压缩空气。经过了数天的奋战,沉船自身浮力渐渐增大了,最后终于从海底浮出水面。

71. 美国高空侦察机是怎样被打捞上来的?

潜水打捞飞机

1958年春,一架美国RB-57型高空侦察机侵犯我国领空,被我军击落在黄海某海区。人民海军潜水员受命打捞美机残骸。潜水员穿着重潜水服,戴着头盔和充气管潜入海底。他用钢丝系在飞机的起落架上,由水面人员用浮吊将飞机绞出水面。这架飞机作为美国侵略我国领空的证据,现在陈列在北京军事博物馆。

72. 失踪的氢弹是怎样找到的?

1966年1月,美国一架载着4枚氢弹的"B-52型"轰炸机,与一架为它加油的"KC-B5型"飞机在西班牙上空失事了。"B-52型"轰炸机的一个发动机发生爆炸,使两架飞机从1万米的高空栽了下来,载着4枚氢弹的轰炸机坠落在地上。人们在寻找它们时只找到了3枚氢弹,失踪了1枚,显然第4枚落入了地中海里。

这种氢弹长4米,直径0.6米。与茫茫大海相比,这简直就是一枚细小的绣花针。要在地中海里找到它并捞上来,那真成了名副其实的"海底捞针"了。美军把这个海上行动称为"联合作业65",有一个深潜艇群参加了搜寻工作。

在深潜艇中有一艘最小的命名为"乍布马林-3B号"的深潜艇,它的重量只有半吨。在这次行动中,它总共潜入海底59次,在水下共度过了26个小时。一次可在水下潜寻4小时的"吉普·德日普号"和能下潜更深的"阿尔文号"深潜艇进行第10次潜水时,在830米深度水下山的岩石上找到了这枚氢弹。

73. 人类历史上最惊心动魄的打捞是怎样完成的?

找到氢弹不易,捞上氢弹就更难了,这需要水面舰船和水下深潜艇的密切配合,稍有疏忽,将造成不可想象的巨大灾难。美国海军的调查船"米扎尔号"锚泊在海面负责打捞,而在水下则由"阿尔文号"负责用机械手把水面船放下的粗大缆绳捆在氢弹上。但在向水面提升时发生了意外,绳索扭断了,氢弹掉进了更深的地方。"阿尔文号"又进行了多次深潜,才在950米深的海底找到了它。氢弹躺在一个35度角

"阿尔文号"深潜器着陆海底

的斜坡上。

这次"阿尔文号"深潜艇在氢弹周围投放了一系列的灯光信号和声学浮标,并用声呐测定了氢弹的位置,又从海军的武器实验厂借来了定名为"CHRY"的水下提升装置。这个设备曾经从700米的深海中打捞过沉没的鱼雷,它的设计使用深度为2300米,水面船可用电缆指挥它,并从水下电视观察它在水下的每一个动作。它用两个具有4个齿的夹子紧紧夹住氢弹,然后把氢弹夹出水面。快到水面时,轻潜水员潜入水中,用绳索将氢弹捆紧,以免在进入空气时由于过重再把绳索拉断。就这样经历了千辛万苦,终于寻找到了第4枚氢弹,并应用了当时最新的水下技术把它提升出水面。

海洋工程

雄伟近岸工程

74. 什么是海洋工程？

一提到海洋工程，你可能马上会想到港口码头、跨海大桥、水上飞机场，可是你知道海洋工程的准确定义吗？海洋工程就是指应用海洋基础科学和有关技术学科开发

利用海洋的科学。它是一门新兴的综合技术学科，包括开发利用海洋的各种建筑物或其他工程设施和技术措施。具体讲就是海洋资源开发（生物

资源、矿产资源、海水资源等）、海洋空间利用（沿海滩涂利用、海洋运输、海上机场、海上工厂、海底隧道、海底军事基地等）、海洋能利用（潮汐发电、波浪发电、温差发电等）、海岸防护等。

75. 世界海洋工程建设始于什么时候？

海洋工程的开发建设已经有了几千年的历史，早在公元前1000年，腓尼基人就在地中海沿岸建立了海上船舶碇泊区，并砌石堤加以防护。中国在公元前306—公元前200年就在碣石（今秦皇岛以南）、转附（今芝罘岛）、琅田（今青岛以南）等地兴建了海港，自东汉（公元25—220年）以来还相继兴建了规模宏大的钱塘江海塘、苏北海堰、浙东海塘、闽粤海堤等，唐代（公元618—907年）建成的海塘、海堤长达数千千米，成为世界上最古老、最长的海岸防护工程。随着生产的发展，人们从消极的防御进

而与海争地,在沿海开始了用于农业、制盐等的围海工程,如中国在汉代就有小规模的围海。荷兰在中世纪初也开始建筑海堤围海,并于20世纪30年代完成了世界上规模最大的须德海围海工程。此外,为了适应不断发展的海上航运和捕捞业,沿海国家和地区陆续兴建了众多的渔港、避风港、商港、军港和修造船设施等海港工程,还通过整治大河河口和海上疏浚,获得了通海深水航道。这些都属于海洋工程的范围。自20世纪50年代以来,海洋工程又增加了沿海潮汐发电工程、环境保护工程、用于水产养殖的海上农牧场和水下渔礁等渔业工程,以及在沿岸水域建造海上平台等内容。

但是"海洋工程"这一术语却是到20世纪60年代才提出来的,它的内容也是近几十年来随着海洋石油、天然气等矿产的开采而逐步发展充实起来的。

76. 什么是"新型海洋工程"?

从20世纪后半期开始,世界人口迅速膨胀,经济飞速发展,对能源的需求量也急剧增加。随着海洋资源开发和海洋空间利用的规模不断扩大,与之相适应的近海工程已成为近30年来发展最迅速的海洋工程之一。它的主要标志是钻探与开采石油(气)的海上平台的作业范围由水深10米以内的近岸水域扩展到

重力式建筑物——海堤

了水深300米的大陆架水域;海底采矿由近岸浅海向较深的海域发展,现已能在水深1000多米的海域钻井采油,在水深6000多米的大洋进行钻探,在4000米深的洋底采集锰结核;海洋潜水技术发展也很快,潜水深度越来越深,载人潜水器下潜深度可达1万米以上,还出现了进行潜水作业的海洋机器人。这样,大陆架水域的近海工程(或称离岸工程)和深海水域的深海工程均已远远超出海岸工程的范围,所应用的基础科学和工程技术也超出了传统海岸工程学的范畴,从而形成了现在我们通常所说的"新型海洋工程"。

77. 海洋工程会不会对海洋环境带来影响?

俗话说"水能载舟,亦能覆舟",兴建海洋工程也是如此,科学合理地兴建海洋工程能造福人类,不合理地兴建海洋工程设施也会给人类带来灾难。海洋工程可能破坏它所在海域的原有的海洋生态环境系统,造成水域污染等灾害。如建造核电站就是如此,核电站一般修建在海边,它的冷却水是海水,海水冷却了电站,本身的温度就会升高,破坏了原来的水温环境,造成鱼类和贝类由于不能适应海水温度变化而逃离或死亡,破坏生态平衡。再如填海造陆、围垦滩涂也能给人类带来负面影响加剧环境污染,破坏生态平衡,以致得不偿失;因为人工岛和新海岸压缩了海域,改变了海岸线走向,势必引起海流运动的变化,破坏渔场,影响航运和养殖业生产。因此,海洋工程建设应该服从"经济发展与环境保护相协调"的原则,进行科学的论证,权衡利弊,谨慎为之。

78. 海洋工程需要解决的问题包括哪几个方面？

正如前面所说，海洋工程是一门综合技术学科，海洋工程需要解决的问题可多呢，归纳起来主要有以下3个方面：

(1) 海洋开发基础性工程技术：它涉及工程地址的选择、该地区海洋环境资料的收集和整理、海洋工程地质的调查研究、防腐蚀技术研究等方面。

(2) 海洋工程结构物的设计和建造：海洋工程结构物总的来说可分成离岸工程结构物和海岸工程结构物。海岸工程结构物包括各种海岸防护设施、海港工程设施及海洋土木建筑等。离岸工程结构物包括为海底油气开发需要的各种平台、储油、系泊设施以及建造这些设施所需要的辅助设备等。目前，各种人工岛、海底隧道、海上机场等的设计和建造也在这个行列里。

(3) 海洋能、深海海底锰结核等的开发：它包括利用波浪、潮汐、海流、海水温差或盐差发电的技术和各种发电站的建造。

此外，海洋工程还包括海洋钻探、动力定位、水下设备等各种专业配套设备、各种仪器等研究。

79. 荷兰有哪两大闻名于世的海洋工程？

说到海洋工程，不能不提到荷兰人民在与自然界斗争过程中所创造的丰功伟绩。荷兰是一个水乡之国，人多地少，地势低洼，在向大海要土地的过程中，荷兰人建成了两大世界闻名的海洋工程。

一个是位于荷兰西北的艾瑟尔湖工程。这个工程开始于1927年,经过几代人艰苦卓绝的奋斗,建成一条33千米的海上长堤,硬是在海里围出一个艾瑟尔湖,使荷兰的陆地面积增加了五分之一。

艾瑟尔湖工程

另一个是三角洲工程。这个工程位于福克角新水道上。从20世纪50年代开始,荷兰政府投巨资在荷兰南部的韦斯特思尔德的福克角新水道口上,修建了一座开关式移动性的防潮闸。它的建成使鹿特丹地区的100多万居民免受洪涝之苦。

80. 世界上最大的防潮闸建在哪里?

世界上各大入海河口区,均不同程度地受到风暴潮的侵袭,特别是一些地势低洼的河口区更易遭受灾害。同时,河口区又是各个国家的重要通道,为了充分利用这一地理优势,又避免风暴潮的危害,不少国家相继建设了众多的防潮闸,其中最突出的,要数荷兰新建的一座防潮闸。荷兰福克角新水道口地势低洼,河道纵横,上游水量丰盛,在汛期受风暴潮灾害严重。从20世纪80年代开始,荷兰政府投资14亿荷兰盾,约合9亿美元,于1997年建了这样一座开关式移动性的防潮闸。

它不是一个普通的防护闸,它设计新颖、结构独特、耗资巨大、施工精确,是世界上第一例超大型可移动的船体式空腔闸门。整个建筑物的长度相当于300米高的巴黎埃菲尔铁塔,重量却是埃菲尔铁塔的4倍。

这项工程的关键部位是两扇巨大的防潮闸大门,它的运行全部采用计算机系统操纵。每扇闸门都是圆扇形,长210米,高22米,重3.6万吨。为了制造可以承受这样巨大重量又能灵活转动的支点圆心球,建筑者们费尽心机,特别铸造了一个直径10米、重680吨的钢球。钢球放置在有8个凹面的铸钢体内,铸钢凹块则固定在重5.2万吨的三角形水泥地基上,它的承受能力达7万

世界上最大的防潮闸

吨。当风暴潮袭击时,它们能将360米宽的河道关闭,使上游免受洪水影响。而在平时,两扇闸门打开,静卧在河道两边的堤堰内,既不影响过往的船只,又便于对闸门维护维修。

81. 你知道什么是海岸工程吗?

　　虽然,人类从很早以前就开始在海岸边建海港、筑海堤、修海塘,可是,"海岸工程"这个术语却是在1950年美国召开的第一届海岸工程会议上才被首次提出。它是指为海岸防护、海岸带资源开发和空间利用所采取的各种工程设施,主要包括围海工程、海港工程、河口治理工程、海上疏浚工程和海岸防护工程,是海洋工程的重要组成部分。随着海洋工程水文学、海岸动力学和海岸动力地貌学以及其他有关学科的形成和发展,海岸工程学也逐步形成一门系统的技术学科。它与各门海洋科学以及生

态学、环境科学有密切联系,海岸动力学为其主要专业基础。

82. 我国古代的海塘是什么样的?

所谓海塘就是海堤,是指在河口、海岸地区,为了防止高潮和风暴潮的泛滥和风浪的侵袭,在沿岸地面上修筑的一种专门用来挡水的建筑物。在我国的江苏、浙江一带古代称其为海塘。我国的海塘建设历史悠久,规模宏大。长江口南北沿海的江苏海塘、钱塘江口南北沿海的浙江海塘,是我国沿海最重要、修建最早的海塘。其中抵御台风风浪和杭州湾涌潮袭击的钱塘江海塘久有盛名。钱塘江海塘始建于两汉时期,五代时用竹笼填石作塘,以后开始筑石塘,清代乾隆年间大多改为石塘。著名的钱塘江鱼鳞大石塘出现于明代,清代又有改进。鱼鳞塘全部采用条石建造,相邻条石用铁件嵌固。塘脚前滩地上用排桩夹石构筑成坦水,通常设有一至三道,称为头坦、二坦、三坦。从现在海岸工程角度来说,塘身是岸坡防护工程,坦水是护脚或保滩工程。江浙海塘经过1000多年的不断改进和发展,最终形成长达750千米的捍海长堤,对保障江浙沿海地区民众生活和经济发展起了巨大作用。

83. 最大的船坞有多大?

你也许听说过,修造船只能在专用的造船建筑物上进行,这种造船建筑物就称为船坞。2009年6月,我国最大规模的船坞在辽宁省大连市长兴岛竣工。此次建成投入使用的船坞是由韩国STX(大连)造船有限公司投资建造,长460米,宽135米,高14.5米。这个船坞历时半年多时间建成,可以同时建造2艘32万载重吨的超大型油轮。另外,为船厂内注水和排水用的泵房也是世界上最大规模的泵设备,该泵水容量高达76万立方米,可在4小时之内注水和6小时之内排水。世界上最大的船坞位于韩国大宇玉浦造船厂的120万吨级船坞。这座船坞长530米,宽130米,深14.5米,配备有900吨的龙门起重机,堪称世界第一了。

84. 防治海港淤积的工程措施有哪些?

既然海港淤积会造成巨大的经济损失,那么,有没有办法防治海港淤积呢?解决的办法是有的,这就是防淤工程。防淤工程通常有建筑防波堤、丁坝、导堤、岛堤等。在沿岸以漂沙为主的海岸,防沙堤应伸出破波堤以外,为了遏止上游来沙,还可以采用系列丁坝或岛堤;在以潮流作用为主的淤泥质海岸,防沙堤要伸展到含沙量较小的海域;泻湖口门则以建造导堤为宜。疏浚工作是维护水深不可缺少的措施。对淤泥质海岸的港口,在航道上应置有聚沙作用的深坑。在防沙堤来沙一侧开挖集泥坑,用吸泥泵通过管道将泥沙排往下游,这样,既可防淤又能缩短防沙堤长度。如果在海峡内建海港,还应尽量排除海峡两侧的障碍,使潮流畅通。当然,各个海港采取何种防御措施应由专家根据具体情况而定。

85. 什么是海上疏浚？

到过港口的人也许都会注意到，在各个港口中都会有一两艘装有巨大抓斗的船只在不停地从港池或者航道挖泥掏沙，这是在干什么呢？原来这是在进行海上疏浚作业呢。其实除了用挖泥船外，还有用其他疏浚机具进行的海上开挖、吹填和采掘等作业，这些都被称为海上疏浚，它是海岸和近海工程的重要技术措施之一。

疏浚作业

实际上，疏浚工程历史悠久。在中国，相传大禹治水时期就有"决九川距四海，浚畎浍川"的记载，说明大约公元前2000多年，在中国沿海一带已用简单工具疏浚排灌沟渠；以后又利用船只，靠风力、水力或畜力带动耙、犁等进行疏浚作业。近百年来，特别是20世纪50年代以来，柴油机普遍应用于挖泥船，陆续出现了工作水深大、生产效率高并能适应海上恶劣环境的各种大型挖泥船。

海上疏浚工程包括海上开挖作业、海上吹填作业和海上采掘作业。海上开挖作业主要有运河、河口航道、港口航道和停泊地的开挖、浚深和维持，各种海工建筑物基坑、海底输油管线或电缆沟的开挖。海上吹填作业包括海岸、堤坝、人工岛、人造海滩的吹填和天然海滩的养护等。海上采掘作业包括清除污染物质，改良海底土壤以及采集海底矿产、建筑用砂等。

86. 为什么说保滩工程在海岸防护中非常重要？

什么是保滩工程？保滩工程实际上就是保护沿海滩涂，防止滩面泥沙被波浪、水流淘刷的工程设施，它具有保护沿海城镇、农田、盐场和滩涂的作用，以及防止潮水的泛滥，抵御波浪的侵袭与淘刷等功能。淤泥质或沙质海滩的泥沙易被波浪携走，致使滩面发生剥蚀，海堤、护岸的坡脚逐渐被淘刷变松，严重时甚至会引起海堤或护岸坍塌。因此，保滩工程是十分重要的海岸工程内容。一般的保滩工程除能保护滩涂外，还间接地有护堤、护岸的功能，并有促使泥沙在滩面淤积的作用。

87. 怎样修建人工沙滩？

提起沙滩，人们马上就会联想到蔚蓝的大海，习习的海风，和煦的阳光，一切都是那么的美不胜收，如青岛的金沙滩，北海的银沙滩等等，这些都是大自然赋予人们的宝贵财富。可是你知道吗？现在还可以采用人工填沙的方法来造沙滩，这就是人工沙滩。人工沙滩一般用于疏浚工程吹填或建造海滨浴场。如果在滩地上种植大米草、红树林或其他植

日本最大人工沙滩

物,也可以消波缓流,促使泥沙落淤而形成沙滩。

88. 什么是近海工程?

近海工程是指在海岸带以外、浅海范围内(主要在大陆架)进行海洋资源开发和空间利用所采取的各种工程设施和技术措施,它是海洋工程的重要组成部分。近海的空间广阔,海洋生物类群众多,海底矿产资源丰富,海洋能蕴藏量很大,是当前海洋开发利用的重点海区。20世纪60年代以来,随着海上石油和天然气开采迅速向大陆架海域推进,近海工程得到相当大的发展,为开辟新的海洋产业打下了基础。目前,世界上在这一海区的资源开发已涉及生物、矿产、海水化学、海洋能和空间利用等各个领域,但短期内仍将以海底石油和天然气开发为主。而海水元素提取与海洋能利用等产业,有待其技术和设备的进一步完善才能获得更大的开发。

89. 近海工程的种类有哪些?

近海工程种类繁多,主要有人工岛、海上平台、水下潜体等型式。人工岛是用人工建造的海上岛屿,主要是用土石料填筑而成;海上平台则是具有一个水平台面的空间结构,固定于海底,或同悬在一定水深处的潜体连接;水下潜体是坐落在海底的结构物。这些工程设施可用于进行各种海上生产作业或其他活动,如日本在神户填筑的人工岛

海上平台

开辟为海上城市。沙特阿拉伯、美国、委内瑞拉、英国、中国等许多国家都在海上建造了固定平台或系泊平台,用于钻探和开采海底石油和天然气;还建造了可迁移的坐底式、自升式、半潜式和船式活动平台,用于海上勘探、施工、维修等作业。美国为迪拜地区修造了容积为8万立方米的水下贮油罐,用于贮存从海底开采出来的石油。日本还在沿海设置了人工鱼礁和海流涌升潜堤,用于发展渔业。除上述岛式工程设施外,还有传输矿产、动力的海底管道、海底电缆,海上系泊船只用的系泊设施,以及适应深水开发的水下生产系统,如海底挖掘机、水下机器人、海底采油装置等,也都属于近海工程的内容。

90. 日本的填海工程取得了哪些成果?

第二次世界大战后,日本的繁荣与填海造陆是分不开的。40多年来,日本新造陆地约2000平方千米,相当于26个香港岛的面积。这些地可称是"寸土寸金"了,每亩地价高达几万甚至几十万美元。新造的陆地主要用于交通、工业、住宅建设。据不完全统计,战后的日本在东京湾、濑户内海、伊势湾、大阪湾新建了20多个工业中心,还在东京、横滨、神户、大阪、千叶等海滨城市新建了大量的海港。日本13个新投产的大型钢铁联合企业及绝大部分大型造船厂、汽车厂、炼油厂、石油化工厂、旅馆、游乐场等都是建在填

海的新陆上。

日本的填海造陆工程规模以东京湾最大。东京都15年来采用城市垃圾填出了18个人工小岛。东京扇岛原来的面积只有0.9平方千米,而经过日本钢管公司填扩后已经达到5.5平方千米,岛上还建成了年产690万吨的钢铁厂。

由于填海造陆的成本随着海水深度的增加会越来越大,日本人又发现了填海造陆还不如造人工岛更为经济。在这种思想指导下,日本政府提出,再造700个人工岛,扩大国土1.15万平方千米,以解决日本近百年的发展需要。

91. 荷兰的一半国土是怎样得来的?

说起来可能很少有人相信,荷兰国土的一半均来自海洋。事实确实如此,在1927年以前,如果没有海塘、河堤的抵挡,如果没有水泵不停地排水,荷兰将有一半沦为汪洋大海。这是因为荷兰全国有27%的土地在海平面之下,三分之一国土的海拔高度在1米上下,首都阿姆斯特丹昔日就是一个低于海平面5米的大湖。但是,不屈不挠的

荷兰须德海工程

荷兰人民苦心经营,采取建造拦海大堤、抽水造地等办法,不仅保住了国土不受大自然的侵害,而且从大海夺得

了70万公顷(1公顷=10000平方米)的土地。

荷兰的造陆工程主要是筑堤排水,从海平面下取得陆地。1927—1932年,荷兰筑起了世界上最长的海堤。它长30千米,高出海面7米;底宽90米,顶宽50米;堤顶可并驶10辆汽车,成为欧洲10号国际高速公路的组成部分。大堤将须德海封闭为内湖。内湖淡化后分片筑堤围垦;再将堤内积水抽干,共获得陆地2600平方千米,成为荷兰的米粮川。1953—1986年荷兰又实施"三角洲工程",此项工程的主体是筑坝将莱茵河、马斯河、斯海尔德河的三角洲堵住,保住南部3000多平方千米国土永远免受海潮的侵袭。同时,在海堤上建通航船闸,深挖航道,挖起的淤泥填补两岸浅滩和洼地,又取得了大面积的筑港用地。

难怪荷兰人自豪地说:"上帝造海,荷兰人造陆!"

92. 美国的填海造地取得了哪些成果?

你也许不会相信,尽管填海造陆成本很大,但是在许多城市里仍然比在市区买地更合算。因此,许多土地并不缺少的大国也在沿海造陆,美国就是一个典型的例子。近20年,美国在纽约、纽瓦克、迈阿密、波士顿、文图拉、檀香山等城市造出数百平方千米的新陆地。世界最现代化的集装箱港——纽约伊丽莎白港,就是在3.72平方千米的滨海沼泽地上填筑出来的。世界第三大国际机场——纽约机场,也是建在长岛海滩上,而且该地区从1944年至1960年累计填土4052万立方米,相当于巴拿马运河五分之一的工程量。加利福尼亚州离岸800米,有一个林康岛,面积5平方千米,是个炼油工业基地。它是先以块石砌成岛岸,再吹沙填出人工岛而形成。

93. 我国有哪些地方是填海造出来的?

地理学家告诉我们,在5000年至6000年前,我国最大的城市上海还是一片鱼虾遨游的水乡泽国。后来,由于长江泥沙的不断淤积,海水逐渐后撤,陆地逐渐显出,上海地区才形成,崇明岛也兀然屹立在长江口之中,并且逐渐开始有人来此居住、繁衍。为了防止新形成的陆地被海浪、海潮冲塌,人们筑起了海堤,这样,泥沙越积越多,陆地也不断向东延伸、扩大。位于长江口的崇明岛,新中国成立初期的面积只有600多平方千米,可是现在呢?已经达到1000多平方千米了。上海金山石化总厂占地10多平方千

珠海围海造田区

米,其中86%是在芦苇丛生的海滩上围海建造起来的。上海浦东国际机场的一半,也是填海得来的。到1996年,上海市已向海洋要地600多平方千米。

我国还有多处陆地是由填海造陆形成的。如厦门市筼筜港,填海造陆10平方千米,为发展经济特区提供了宝贵的土地资源。珠海市斗门县筑堤围垦白藤湖,15年内造地20平方千米,建成了我国第一家由农民兴办的度假村。浙江在新中国成立以来,共围垦了170万亩地,萧

山市有三分之一的耕地是围海所得。辽河口的盘锦市将50万亩芦苇洼地辟为了国营农场。

我国沿海有滩涂2000多万亩,其中一半适宜开垦,现已围垦的有600多万亩,辟为农田、林地、盐场和鱼塘,为我国经济建设作出了巨大贡献。

94. 香港的开山填海工程取得了哪些成果?

香港土地面积狭小,早在1884年,香港人就开始了填海造陆活动,以缓解土地的紧缺状况。

今日港岛北岸上环、中环一带的海滩是最先被填成陆地的地方。第一次大规模填海造陆工程始于19世纪50年代,此工程开辟了当时的"海傍道"。香港历史上最大规模的一次开山填海造陆工程是在1889年至1903年间进行,修建成了目前港岛北岸海傍最宽

的德辅道、干诺道。进入20世纪以后,随着香港人口的急剧增加和经济的高速发展,原来主要商业区和居住区格局发生变化,港岛的湾仔、铜锣湾、北角、鲗鱼涌、旺角、启德机场等地均开展了不同规模的开山填海造陆工程。"二战"以后,全香港的总体规划设计开始启动,其中又以新市镇的开发、启德机场的扩建与维多利亚港的发展最为突出。如客运量列为世界第三位、货运量列为世界第二位的香港启德机场,于1974年扩建时共填海造陆45

公顷(1公顷=10000平方米),解决了一条3400米长的跑道所需的土地,保证了机场经营的需要。70年代初,香港政府和规划设计部门向新界郊野开拓,发展新市镇和乡镇,其中葵涌的码头装卸区,已发展成为世界第二大的货柜专业码头。

多年来香港填海造陆达20多平方千米,占它总面积的2%左右,占市区面积的20%以上,比例虽然不是很大,但填海造陆的地区都是重要的商业区和机场、码头,利用率很高,对香港的经济发展作出了巨大的贡献。香港的商业闹市、港区、公寓区,几乎都建在填海地上,据80年代初期的统计,在6平方千米的弹丸新地上,共居住有69万人,占当时全岛总人口的58%。

95. 香港新机场是怎样建成的?

现在,当人们乘坐飞机抵达"东方之珠"香港时,飞机不再降落在启德机场,而改在了位于大屿山畔的赤鱲角机场。这是20世纪90年代我国建成的又一座大型海上机场。

赤鱲角是大屿山西侧的一个小岛,面积302公顷(1公顷=10000平方米),位于启德以西约28千米。因香港寸土寸金,新机场基本建在海上,土地靠填海所得。建设者们将赤鱲角和附近面积为8公顷的榄洲岛铲平,连成1326公顷的填海地。新机场的面积为1248公顷,是启德机场的4倍以上,可24小时全天候运作。与美国的丹佛机场相比,香港新机场的面积只有它的十分之一,而吞吐量却是它的10倍。新机场总投资为1564亿港元,整个核心工程为十大项目,除赤鱲角新机场外,还有多项公路、铁路及其他交通建设工程。机场和这些交通干线的建设,将机场与九龙及港岛市区连接起来,既缓解了西九龙、葵涌、青衣和过海隧道的交通拥挤状况,又带动了大屿山地区经济进入现代化发展的行列。

香港新机场的落成启用,翻开了香港空运业崭新的一页。香港这颗东方之珠,将会更加璀璨夺目。

96. 澳门填海造陆获得的土地面积有多大?

澳门,是由澳门半岛、氹仔岛和路环岛三部分组成,总面积约 24 平方千米,人口 45 万,其中 97% 为中国居民。澳门是全球人口最稠密的地方之一,平均每平方千米有近 2 万人。

澳门半岛是澳门的核心区,它的原有面积仅为 2.78 平方千米,所以人们常常将澳门描述成弹丸之地。在商品经济高度发达的澳门,土地可以说是弥足珍贵,填海造陆也就成了增加土地面积重要的方法。澳门的填海造陆已有 120 多年历史,比香港还早 5 年。从 1863 年至今,填海造陆的各种工程从未停止过。初期填北海、浅海,工程颇具规模。而 20 世纪 20 年代至 30 年代的填海筑港更具规模。今日的新口岸、南湾、青洲、台山等地方,均是填海造陆而成。1970 年澳门半岛面积已扩大到 5.42 平方千米,澳门轮廓基本形成。近十年来,又连续填筑马场、黑沙环和新口岸等地工程,今日澳门半岛面积增至 6.05 平方千米。氹仔岛经填海造陆,面积增至 3.78 平方千米。路环岛在 100 多年前仅有 5.61 平方千米,近年来已增加到7.09平方千米。

97. 我国第一个填海机场是怎样建成的？

我国第一个填海机场是珠海机场,位于珠海西区三灶岛的沿海滩涂上。1992年5月,国务院和中央军委批准了机场修建方案,解放军的工程部队开进了芦苇丛,打响了建造珠海"通天路"的三大战役。第一战役是移山填海大爆破,将两座小山搬走。1992年12月28日下午1时50分,随着一声闷响,1.2万吨炸药冲天而起,相当于一颗小型原子弹的威力,将东西长800米、南北宽500米、主峰海拔107米的炮台山彻底炸毁,其中一半山体约500万方土石抛向大海,一半山体化为碎石待用,附近的5个村庄无一受损,这次爆破堪称中国爆破史上的里程碑。第二战役是斗软基,4000米的跑道有90%以上是软地基,淤泥平均深2.3米,最深处有40米。工程总队官兵以蚂蚁啃骨头的精神,用16米高、16吨重的大锤将4000米跑道一寸一寸夯实,营造出了一个4平方千米的小平原。第三战役是战台风,1993年8月的一次台风将一艘200多吨的货船高高抛到了离海30多米远的岸边上,10多吨重的卡车,眨眼间就被掀翻。官兵们顶风冒雨,顽强拼搏,发扬解放军军人的精神,创造了2年零3个月就建好一座国际机场的"珠海速度"。机场也于1995年5月30日正式通航了。

98. 世界四大运河工程是指哪些运河？

世界上四大运河工程是指1869年正式通航的苏伊士运河、1895年正式完工的基尔运河、1914年竣工的巴拿马运河和 1992 年建成的马恩河——多瑙河运河工程。

基尔运河工程于 1887 年开工,1895 年正式完工,全长 100 千米,河面宽 110 米,航道深 11 米。由于北海和波罗的海的潮差不同,所以运河两端都建造了船闸,整个运河有 6 座船闸。此外,运河上建有多座桥梁,所以对过河船只有很多限制。船只通过运河一般需要 8 个小时。基尔运河的开通使北欧到北海的航线距离缩短了 680 千米。

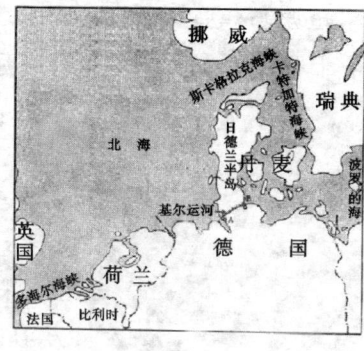

基尔运河

马恩河——多瑙河运河全长 170 多千米,差不多是巴拿马运河的两倍。该项工程分两阶段进行,1962 年完成了马恩河上的 27 道水闸,装配了拦水屏障,解决了河道深浅不一的问题。接着 1985 年又疏浚了多瑙河段,并修建了 5 座闸门。整条运河上还修筑了 120 座桥梁和 55 座发电站。运河于 1992 年全线通航,沟通了北海和黑海的航行,大大缓解了这个地区公路、铁路运输的拥塞状况,并且实现了中欧和东欧航行的大贯通。

如果说这两条运河知名度一般的话,那么苏伊士运河和巴拿马运河可就要比它们出名得多了。

99. 苏伊士运河是如何建成的?

苏伊士运河工程是于 1859 年 4 月 25 日破土动工的,历经 10 年零 8 个月,于 1869 年 11 月 17 日正式通航。

这项宏伟工程的完成，沟通了红海和地中海，进而把印度洋和大西洋连接起来，成为东西方海运的捷径。这是一条十分繁忙的水道，平均每月通过的船达1481艘。

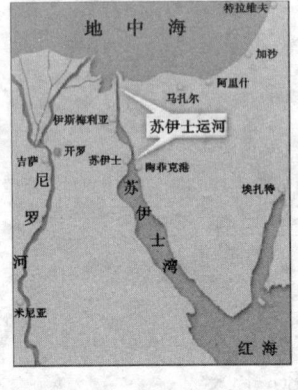

苏伊士运河

苏伊士运河位于埃及东北部，它北起地中海边上的塞得港、南止红海苏伊士湾的陶菲克港。全长195千米，河面宽300米至350米，平均水深20米，航道宽度为180米，可通过15万吨满载货船和30万吨空载货船。从西欧到东亚，经苏伊士运河全程约5500千米至8000千米，比绕道好望角缩短了近一半的航线。

100. 巴拿马运河工程有什么特点？

巴拿马运河是连接大西洋和太平洋的咽喉，也是世界上最繁忙的水闸式运河。它位于中美洲巴拿马共和国的中部，从连接北美与南美大陆的巴拿马地峡最窄和地势最低处通过。由于潮汐高差不同，太平洋和大西洋之间有很大的水位差，再加上巴拿马地峡与海面也有高差，所以运河大部分河段的水面比海面高出26米。为了便于船只通航，在运河上

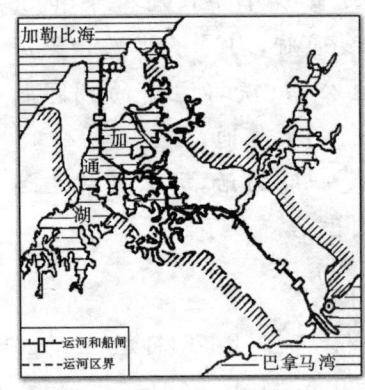

巴拿马运河

建有 6 座船闸,河的两端各有 3 级,每级水闸的闸室长 305 米,宽 33.5 米,水深 12.5 米。

运河的走向是自北斜向东南,因而它的大部分的航程不是从南向北,就是由北向南,有点像"S"形状。运河两岸装有强烈的照明灯,可以保证 24 小时日夜通航。船只通过运河的数量也在逐年增加,1916 年只有 807 艘,1970 年达到 15523 艘,平均每天要通过 41 艘。现在每年平均有 1.5 万艘左右的船只通过,货运量达 1 亿吨以上。

巴拿马运河于 1881 年先由法国开凿,1889 年因财政和技术原因而废弃,1904 年又由美国再次开凿,采用水闸式技术,经过 10 年的努力,终于建成长 81 千米,宽 150 米至 300 米,水深 13 米至 15 米的运河,可以通航 8 万吨级的船只。

101. 修建巴拿马运河有什么意义?

巴拿马运河闻名遐迩,它对东西方世界经济和文化的沟通起到巨大作用;它为人类服务至今已达 86 年之久。巴拿马运河是一条沟通太平洋和大西洋的国际通航运河,是连接两大洋的纽带。

运河的开通,大大地缩短了大西洋和太平洋沿岸之间的航程。比如从美国纽约出发去旧金山的船只,如果绕道南美合恩角航行,全程为 11421 海里,而经巴拿马运河则只要航行4832海里,缩短了一半还多;如从纽约去澳大利亚的悉尼,经苏伊士运河的全程为11710海里,而经巴拿马运河只要航行8427海里,比前者少3283海里。巴拿马运河,如同一根纽带一样,把大西洋和太平洋连接在一起。它不仅方便了交通,促进了经济的发展,而且还有着重要的战略意义。

102. 你知道我国古代的通海运河吗?

在我国山东省境内,历史上曾有过一条通海的运河,它就是横断山东半岛的胶莱古运河。由于时间的久远,许多人并不知晓。说起这条运河的开凿,还要从元代谈起。

元朝定都北京,当时称之大都。由于北方缺粮,每年要从江南调大批粮食物资运往大都。如果靠车马陆路运输,时间长,费用也高;而利用京杭运河则运量有限;走海路,既快捷,运费也便宜,但海上行船,风浪大,易出事故,特别是海船绕过山东半岛顶端的成山头时,常因风大浪高而翻船。于是,朝廷决定在山东半岛的胶州湾至莱州湾之间开挖一条运河,使南来的海船通过运河把粮食直运津沽。数万名官兵及当地百姓经过多年的努力,终于挖通了这条两端通海的大运河。然而,运河挖通之后人们发现,由于山东半岛中部多是坚硬的花岗岩岩层,开凿困难,挖掘的河床较高,运河两端的入海河段河床较低,所以,吃水较深的海船仍无法通过。这样,在很长一段时间内,运河虽然是挖通了,实际的通行能力却受到很大限制;实际上,那时的运河只能走小舟。

到了明代,"南粮北运"的矛盾仍然十分突出。人们又在唐岛湾至胶州湾加修了一段运河,并给它起名叫"马家濠"。海船可以经这段运河自由通行。在胶莱段,人们试图采用船闸来提高水位的方式,使海船能顺利通行。但是,由于技术等问题无法解决,吨位较大的海船仍无法通过这部分河段。

清代时人们又第三次提出重修胶莱运河,但因经费、技术等方面的原因未曾施工。

中华人民共和国成立后,在"第二个五年计划"中又一次提出修通胶莱运河。但是,由于"大跃进"和"三年经济困难时期",整修胶莱运河的计划又一次被搁浅。

而作为胶莱南运河的"马家濠",曾通航了300多年,到清朝后期逐渐淤积而无法航行,到新中国成立时只剩下几段小河沟了。今天,古运河的河道已被全部填平,只留下了濠南头、濠北头等地名,古运河就此消失了。

103. 谁是航海的领路人?

自从人类开始航海,就与灯塔结下了不解之缘。雾天和夜晚在近岸航行的船只,要依靠灯塔的指引才能安全航行。千百年来,航海者就是在灯塔的指引下,平安地在海上航行。

灯塔

早期的灯塔是靠燃烧木材产生的光来指引航船,后来发展到使用燃油。而到了18世纪,由于航海事业的蓬勃发展,灯塔技术也有了新的突破,人们开始使用无烟油灯和电力灯灯塔。第二次世界大战以后,灯塔技术在现代科学技术的基础上突飞猛进,各种形式的灯塔应运而生。昔日飘忽不定的灯火已被昼夜长明的光芒所代替。随着现代科学技术的发展,尽管卫星定位导航技术可使大洋轮船自动导航,但在船舶进港时依然离不了灯塔。总之,灯塔总是随着现代科学技术和航海事业的发展而不断向前发展。也许有一天,你也能设计出一种为世界所采用的灯塔呢!

104. 灯塔的发展历程如何?

灯塔究竟诞生于哪个年代,这已很难考证。人们利用柴禾、油类放在岸边燃烧,可能是最原始的航海灯塔了。

在12世纪以前,由于各航海国的战火连绵不断,灯塔技术的发展极为缓慢。燃烧木柴、油类一直作为灯塔的光源,直到石油应用才给灯塔带来了新的生机,灯塔的外形也有了新的变化。斜挂式灯塔就是那个时代的产物。到15世纪,就出现了和现在同样形式的灯塔。16世纪初,世界上第一座建在水中的灯塔落成了,这大大拉长了灯塔的视距。

18世纪以来,由于航海事业的蓬勃发展,灯塔技术也开始有了新的突破,出现了以电作为光源的灯塔,并且能够采用沉箱法在松软的海底地基建造灯塔,从而使灯塔向海洋挺进。1845年英国首次使用弧光灯作灯塔光源,1930年开始电气灯塔实用化。另一方面,灯塔的器具也在进行改进,1822年,法国物理学家菲涅耳,利用棱镜的折射原理设计了发射平行光的阶梯透镜,被广泛用于灯塔的照明,而且这种透镜到现在仍用于大型的灯塔。在那以后,玻璃灯罩的发明使古老的灯塔面貌又焕然一新了。

20世纪初,以压缩乙炔气体作为光源的灯塔研究成功,出现了气体闪光灯塔。第二次世界大战以后,灯塔技术在现代科学技术的基础上突飞猛进,各种形式的灯塔也应运而生。

105. 历史上著名的灯塔有哪些?

在人类航海史上,曾修建了无数的灯塔,引领着人们航行在万顷碧波之间,其中最著名的灯塔有哪些呢?这些灯塔主要有:

亚历山大灯塔。它是公元前250年,古埃及人在亚历山大港外的法罗斯岛上建成的。它在当时影响巨大,被称为世界第七大奇观。不幸的是它于公元796年毁于一场地震。

1584年,路易斯·德·福克斯设计了世界上第一座水上灯塔,它于1611年在法国加龙德河口建成,名叫科尔迪安灯塔。该塔外观呈球形,高59米,基部是直径为40米的圆形,以燃烧木块作光源。

英国北福兰德灯塔已有300多年的历史。这座灯塔建于1691年,已经过多次改造、换装,从简单的以燃物举火发展到今天的电气化,已是典型的现代化灯塔了。

1823年,法国工程师福雷西纳尔第一个设计出了光学透镜灯塔。1858年,著名的物理学家法拉第开亮了第一座电力灯塔——南海岸灯塔。20世纪初期,瑞典物理学家古斯塔夫·达林研究成功了以压缩乙炔气体作为光源的灯塔。1906年,达林又主持设计了世界上第一座气体闪光灯塔,并在瑞典加斯菲斯腾岛落成。

106. 为什么把亚历山大灯塔称为世界七大奇迹之一?

被称为世界七大奇迹之一的亚历山大灯塔全高130米,它集中了古代劳动人民建筑技术的精华。这座令世人瞩目的巨大建筑照耀了亚历山大港1000多年,后毁于地震,大部分建筑都坠入了海水中。现在,人们只能偶尔在一些古币上目睹这座灯塔的风采。

亚历山大灯塔复原图

亚历山大灯塔现在只能根据文献记载大致估计出原样。根据记载,该灯塔分三层:第一层是4角柱形,高71米;第二层为8角柱形,高34米;第三层为圆柱形,高9米,最高处为圆锥形的屋顶。顶部有7米高的青铜制海神波塞冬像。全塔总高130米,相当于现在30层高的建筑物。从内部通过螺旋状通道可以登上塔顶。该塔的设计者是来自繁荣的古希腊商业都市萨斯德拉德斯。

这座灯塔在夜晚所发出的光,56千米外都能看见。点灯时,人们在塔的最顶层用树脂做燃料,火焰周围放有一个巨大的青铜反光镜,将光线聚集后从窗口射向远方。

这座雄伟的海上工程,在古代可以说是名副其实的世界奇迹。

107. 倒塌的亚历山大灯塔的遗迹是怎样找到的?

1994年,正在尤依达维达要塞修筑防波堤的工作人员,在海底发现了一些石雕作品,这引起了法国国家研究调查中心所长、法国国家亚历山大城研究中心创始人和考古学家安普鲁鲁博士的兴趣。

1995年9月18日,安普鲁鲁博士与30位潜水员一起潜入海底,他们发现了令人惊叹的景象:超过2000块的巨大雕像和建筑材料碎块散落在水深3米至8米,面积为2.25公顷(1公顷=10000平方米)的海底。这些都是亚历山大灯塔的残垣断壁,它们在海底至少沉睡了1000年。

安普鲁鲁博士他们将遗物逐一打捞,并进行了一个月的确认工作。据安普鲁鲁博士推测,巨大的石雕像可能是灯塔上的装饰物,它是用红色的阿斯旺花岗岩制成的男性雕像,长4.55米,重12吨。假如雕像的头和腿都在的话,总长可达13米。专家们认为,它是公元前305年至公元前30年间托勒密王朝的作品。而这石雕像和长11.5米的巨型石材只是灯塔的一个小小的组成部分。

安普鲁鲁博士认为,灯塔一层部分用的石材长11.5米,重达40吨,原本还要长,不过可能在地震中断裂破碎了。此次海底发掘对地中海的古代文明史的研究提供了更加丰富的证据。

108. 你听说过"希罗灯塔"的动人故事吗?

在沿海国家流传着不少有关灯塔的动人传说。其中以希腊神话"希罗灯塔"最为著名。相传希腊女神的侍女希罗同利安德相爱后,利安德每晚都要横渡赫勒兹庞海峡去看她,希罗便每晚点亮一盏灯为心爱的人指向。在一个暴风雨的夜晚,希罗的灯不幸被大雨熄灭,利安德因而迷失方向,溺死海中。希罗闻讯后悲痛万分,投海自尽。后来希腊人民为了纪念希罗,建造了一座名为希罗的灯塔。这则故事颇受国际航海人士的青睐,国际海上信标会议的会徽就是根据这则神话而设计的。

109. 哪一位科学家因灯塔而获得诺贝尔物理奖?

20世纪初,瑞典物理学家古斯塔夫·达林研究成功了以压缩乙炔气体作为光源的灯塔。为了改变灯塔看守人寂寞枯燥的生活,达林又设计了用于控制灯塔燃烧器开关的太阳阀,使灯塔能自动随日出而熄,日落而燃。这项具有革命性的发明创造,把灯塔管理的自动化同太阳能的利用完美地结合为一体。1906年,达林主持设计的世界第一座气体闪光灯塔在瑞典加斯菲斯腾岛落成。6年之后,古斯塔夫·达林因发明气体闪光灯塔和太阳阀荣获1912年度诺贝尔物理奖。1967年,瑞典政府又新建成了一座用达林的名字命名的灯塔,以表彰他为灯塔技术的发展所作出的杰出贡献。

110. "地中海的航标灯"位于什么地方?

意大利是一个多活动火山和多地震的国家。目前比较著名的火山有3个,即维苏威火山、斯特龙博利火山、埃托纳火山。其中又以埃托纳火山最为著名,20世纪以来,它频频爆发,大型爆发就达12次之多,最近的一次是在1977年。埃托纳火山是西西里岛的第一高峰(海拔3300米左右),所以每当火

埃托纳火山

山喷发时,通红的熔岩奔涌而出,从遥远的西西里岛四周都能清晰地看到火山喷发时的壮观场面。尤其是夜晚,红色岩浆冲天喷射,在地中海航行的船只,从很远的地方都能发现它的爆发。所以,船员们都把埃托纳火山称为地中海上的航标灯。

111. 怎样才能拯救19世纪最高的灯塔?

美国东海岸海特拉斯角的航标灯塔,是19世纪世界上最高的灯塔。它建于1870年,是美国国土的标志。但不幸的是,海浪对海岸的侵蚀已对它的安全造成了极大威胁,灯塔的根基日夜遭受着海浪无情地冲击。人们不忍心放弃灯塔,因为那会使美国失去一个重要的历史文物,同时建新灯塔也要消耗巨资,因此,如何保护灯塔成了美国人一个棘手的问题。

目前,人们能想到的保护灯塔的方法有3种。有人建议建造人工海滩;有人建议在灯塔周围建造护墙,使其成为一个人工岛;还有人提出更为大胆的想法,即把灯塔拖入内地。

美国国家公园局倾向于建造护墙的方法。但地质学家进行研究后发现,这个办法不可行。因为即使建造了围墙,灯塔的地基也迟早会被海浪挖空;并且再厚的围墙也难以承受风暴潮的冲击,因此仍不能使灯塔摆脱险境。另外,建造护墙要花去560万美元,每年至少需要1.6万美元的维修费,而且只能维持50年,很不合算。

移动灯塔的办法是,建造一个坚实的有轨路基,把灯塔固定在一个钢架上,吊到滑车上用大型牵引车拉走,移动距离大约853米。这一办法技术上可行,也不存在后遗问题,只是耗资较大。如果这一办法获得成功,那么其他近岸濒危历史文物也可效仿迁移。但也有人反对这一计划,因为灯塔移动后,会使其失去历史意义,大量的海图也要重新绘制。但拥护这一办法的人争辩说,如果灯塔像孤岛一样被围在海中,观光者只能远远地眺望,这样就能体现灯塔的历史真相了吗?

到底怎样才能拯救海特拉斯角的航标灯塔而又不破坏它的历史风貌,这个问题就留给当地政府和科学家们去共同解决了。

112. 世界上最亮的灯塔有多亮?

世界上既有最高的灯塔,也有最亮的灯塔,这最亮的灯塔又是哪一座呢?随着灯塔技术在现代科学技术的基础上突飞猛进,灯塔也越来越亮了。位于法国西北沿海的"德·克雷阿克"灯塔亮度达到5亿烛光(原发光强度单位,现改用以"坎德拉"为单位),即使在浓雾天气,也可以在39海里以外看到灯塔的光芒,这是目前世界上最亮的灯塔。

113. 世界上第一盏波力发电航标灯是哪年建成的？

1964年,日本制造了世界上第一盏用波力发电的航标灯。虽然这台发电机发电的能力仅有60瓦,只够一盏灯使用,但运行多年来,性能良好,几乎没有发生过什么故障。这盏灯借着波浪的动力,犹如一颗夜明珠,在茫茫的大海里为夜航的船只指明方向。

这一盏灯的发电装置不仅为船只指明了航向,也为人们进一步研究利用波浪指明了方向。更重要的是,在这一波浪发电航标灯问世以后,世界上关于海浪使用的研究大规模地展开了。

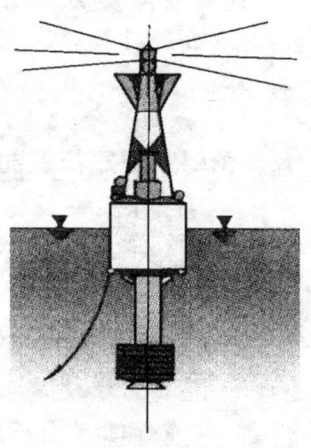

波力发电航标灯塔

114. 亚洲第一大灯塔建在哪里？

亚洲第一大灯塔坐落于我国东海海面,它就是驰名中外的花鸟灯塔。

花鸟灯塔位于东海花鸟山西北角山上。灯塔建筑面积约1万平方米,并建有码头,可停泊船只。灯塔由光源、无线电指向标及雾警三部分组成。采用3000瓦牛眼式四眼器灯透镜,以强烈的电光源用于夜间导航。白光每隔15秒一闪,射程为55.6千米。无线电指向标主要作远距离导航,它由两座22米高的铁塔、E字形天线和电台等组成,功率为3000瓦,有效距离为370千米。雾警是用于雾天近距离导航,主要设备为气雾号喇叭发声器,每80秒钟鸣笛两次,每次鸣声长1.5秒。

地处航海要道的花鸟灯塔100多年来,无论风急浪高,雷鸣电闪,它始终高高挺立,岿然不动,实为东海一大壮丽景观。

115. 花鸟灯塔怎样惩罚了侵略者?

花鸟灯塔像一位饱经沧桑的历史老人,经历了100多年的荣辱兴衰、酸甜苦辣。

鸦片战争后,英帝国主义打开了中国海上门户。为了方便他们军舰和船舶的往来,他们开始在我国沿海建造灯塔,花鸟灯塔就是1870年根据他们搜集的资料而建造的第一座灯塔。

花鸟灯塔

从此,花鸟灯塔目睹祖国的宝藏源源不断地流向国外。

古老的华夏大地怎能容忍豺狼虎豹猖狂肆虐!辽阔的中国海疆岂能任侵略者肆意践踏!一个狂风怒吼的漆黑之夜,入侵者的舰艇突然触礁沉没。侥幸逃命的敌军指挥官惊慌失措却又大惑不解:按灯塔指示的方位,航行方向没有错呀,怎会……等他们醒悟过来,才明白是花鸟灯塔使他们上了大当!原来那天夜晚花鸟灯塔并未闪光,闪光的是另一座假灯塔!

1950年舟山解放,花鸟灯塔回到人民手中。几十年来,灯塔管理站的战士们不怕苦、不怕累,一丝不苟地工作,使花鸟灯塔的闪闪光芒永远照耀着东海海面。

116. 我国最早的航标和灯塔出现在什么时候?

你知道我国最早的航标出现在哪个时代吗?这要追溯到几百年前,在1282年,朝廷开辟了从刘家港(今江苏太仓浏河口)至直沽(今天津)的北洋航线,用来运输江淮地区的粮米供应大都(今北京)。这条航线的长江口地区,浅滩连片、暗礁丛生,稍有不慎,就会船毁人亡。1311年,有一位叫苏显的老船工,在江口西侧暗沙嘴搁置了一艘船,桅杆顶端系着一块颜色非常鲜艳的彩布,使各过往的船只通过它来确定航道,得以安全通行,这是迄今为止文字记载的我国交通史上最早的"航标"。

1317年,有人又在龙山苗垒筑了一座土包,土包上立起一根标杆,白天悬挂标旗,夜晚改为灯笼,这便是灯塔的前身了。

117. 我国最早的近代灯塔建于哪一年?

我国最早的灯塔是鹅銮鼻灯塔,它位于台湾岛的最南端,距离鹅銮鼻半岛南端海岸约140千米处,即北纬21度54分,东经120度51分。这座灯塔建于1882年,100多年来一直作为夜航的指标。灯塔为白色,呈多角形,高18米,海拔高度55米,塔内灯光每隔10秒钟闪亮一次,灯光射程可达20海里,建成时是远东最大的海上灯塔。

118. 我国自行设计建造的第一座灯塔是哪一座?

我国是一个古老的航海大国,拥有众多的沿海灯塔,历史久远。但是,第一座真正由我国自行设计建造灯塔还是20世纪70年代的事情。它就是1972年竣工的大沽灯塔,塔高56米,顶层装有直径600毫米的透镜,灯光射程达17海里。随着我国经济的发展和海洋工程技术的不断提高,我国还于1995年10月在海南省文昌县建成目前全国最大的现代化灯塔——木栏头

灯塔,塔高70米,灯光射程达到28海里。

119. 我国第一艘导航波力发电航标灯船有什么特点?

我国第一艘大型导航波力发电船,已经在南海投入使用,它是由中国科学院广州能源研究所和华南理工大学合作研制成功的。这艘大型波力发电船能以声光微波反射雷达信号应答方式进行导航,其灯光射程10海里以上,雷达应答器有效距离18海里,用以增大目视标志,提高设备能力,引导船舶的安全行驶。有关专家认为,该波力发电灯船的投入使用,不仅为航海保障起重要作用,而且为我国波力发电使用开发新途径做出了有益的尝试。

120. 我国为什么要在南沙群岛海域建设航标灯?

南沙群岛海域是印度洋到太平洋的海上交通要冲。这一海域多暗礁、沙洲,一向被人们称为是航海的"死亡地带"。1988年,我国在南沙永暑礁建海洋观测站的同

时,分别在这一海域的5个礁盘上建起10座航标灯。这

批航标灯的结构为钢筋水泥基座,塔身采用玻璃钢制成,塔高7米,直径1.8米。

121. 俄罗斯最古老的灯塔是哪一座?

彼得罗巴甫洛夫斯克灯塔被人们称作俄罗斯远东海域灯塔中的"开山鼻祖"。事实上,它也是俄罗斯最古老的灯塔。它建于1738—1740年间,位于堪察加半岛通往阿瓦恰湾的东方角。

彼得罗巴甫洛夫斯克灯塔可以说是饱经沧桑。最初建造时,只是一个顶上插了一根旗杆的木质结构小屋。1886年灯塔被改建,1893年安装了能发送大雾警报的钟和炮,又过了10年时间,原来的塔身被拆除,修建了一座高达12米的灯塔。到了1937年,彼得罗巴甫洛夫斯克灯塔首次启用了无线电导航台和汽雾笛;1958年,更先进的导航台取代了原来的小功率导航台。1976年,该灯塔进行了一次大修,重新修建了坚固的塔身,安装了先进的导航灯塔、无线电导航台和自动电动力的高音雾笛;建造

了拥有8个房间的生活用房,里面供排水设备、中央供热、储藏室、浴室、车库和泵站等设施一应俱全。

历史上,彼得罗巴甫洛夫斯克灯塔还经历了几次战火的考验。如今,它如同一位饱经沧桑的老人伫立在太平洋西岸,为太平洋海域国际航运提供了必不可少的安全保证。

122. 海水入侵是怎样发生的?

近些年来,在我国沿海北起辽东半岛,南至广西北海的许多地区,发生了海水入侵现象,对沿海经济和社会发展造成了很大危害。

"海水入侵"也有人称"海水侵染"或"海水倒灌",是指滨海地带地下淡水被海水污染咸化的现象。"海水入侵"又可以分为地下入侵和地表入侵两种形式。但是,通常所说的"海水入侵",是指地下入侵。引起地下入侵的直接原因就是地下水位与海水水位之间的相对变化。大家都知道,在正常情况下,海水和淡水界面附近保持着一种动态平衡关系,地下淡水减少后水位降低,水压减小而难以抵挡界面另一侧海水相对加大的静压力,平衡便被破坏,海水入侵便发生了。这种情况多发生在地下水过量开采的沿海地区,如山东省的莱州湾沿海地区自1974年以来连续干旱,人们不得不大量开采地下水,出现了大面积地下水位低于海平面的负值区和水位下降漏斗,从而导致了日趋严重的海水入侵灾害。造成海水地表入侵的主要原因有,沿海地区遇到台风、风暴潮、海啸或特大天文潮,造成暂时性的高水位,海水向内陆蔓延,导致海水入侵;另外,由于全球气候变暖,引起海平面上升,或区域性地壳下沉而造成的海平面相对上升也会促使区域性海水入侵的发生。

123. 海水入侵会造成什么危害?

海水入侵后,地下水会被咸化,人、畜吃水都会发生很大困难。如果长期饮用了被污染的劣质水会造成多种地方病症,如甲状腺肿、氟斑牙、氟骨病、布氏菌病、肝吸虫病等,对人体有很大的危害。

海水入侵也会给沿海经济带来很大的影响。在农业方面,它使耕地的机井、水井变成废井,大片良田不能灌溉;由于地下水咸化,土地发生盐渍化,造成农业大幅度减产,甚至绝产。在我国海水入侵灾

辽东湾海水入侵分布示意图

情严重的莱州湾地区,截止到1990年,3500平方千米左右的沿海平原地区已有450平方千米受到了海水入侵,有6000余眼机井报废,50多万亩耕地无法浇灌,5万亩耕地产生了盐渍化,农业生产仅粮食一项每年就少收20

万吨左右。在工业方面,最直接的影响是得不到正常的供水,不得不易地建井或远距离调水供应;而使用轻度咸化的地下水则造成了管道、设备锈蚀,产品质量下降,大大提高了工业生产的成本。莱州湾地区由于海水入侵所造成的工业损失每年要以数亿元计。

124. 怎样防治海水入侵?

海水入侵具有隐蔽性强、危害性大、难以治理的特点。它发生的隐蔽性和发展过程的复杂性,对预防和治理都造成了很大的困难。从国内外的试验研究成果来看,目前的有效措施基本上可以归纳为三个方面:工程措施、生物措施和管理措施。

工程措施主要是实施水利工程,其根本作用是阻挡海水入侵,同时拦截淡水流往大海。阻挡海水由地下侵入内陆的具体工程措施有建筑帷幕板墙,平行于海岸的注水帷幕,挖排抽水沟,引调客水以增加淡水压力等方法。阻挡海水由地表侵入的具体工程措施有建造防潮堤坝、修筑闸坝等。

生物工程是广义的大农业方面的措施,主要包括在海水入侵地区选育耐盐作物品种、改良耕作制度等,还包括能与海水入侵环境相适应的畜牧、水产生物、微生物种群的培育、饲养。同时大力搞好植树造林,在滨海平原的上游地区营造涵养林区,滨岸带建造基干防护林带,建设滨海平原的农田林网。所有这些措施旨在使恶性循环的环境条件向良性循环的方面发展,改善海水入侵区的生态环境条件。

管理措施包括社会环境管理方面的一系列措施。主要是研究制订科学的规划方案、管理条例和法规,引导并制约人们在社会和经济方面的行为,从而统一管理,协调发展,以达到综合治理海水入侵的目的。

125. 防波堤在防治海水入侵中有什么作用?

海浪对海岸的冲击力可以达到每平方米几十吨。如此巨大的压力,足以摧毁堤岸、码头和其他建筑设施。很久以来,人们通过实践发现,护卫海岸、港口及码头唯一有效的手段,就是建造防波堤。

早期的防波堤,只是把大小不等的石块在垂直于海浪的来向上码放成一条松散的石堤,在石块之间也没有很好地粘连。这样的防波堤,经过一次大

防波堤

的海浪就可能冲垮。后来,人们对这样松散的防波堤进行了改造,有的在堤的外侧堆放一些形状不一的异型块体,起到了较好的消波作用。由于这些块体的形状不同,作用也不一样。目前,这类异型块体已经有几百种之多,研制这类块体几乎成为一种专门的行业。有的用石块把堤身砌成斜坡状,大大地增加了堤的强度,只是工程费用较大,于是在此基础上又改用直墙。最初的直墙,是将预先制好的水泥块浮吊在海边垒建而成。限于浮吊的起吊力,水泥块不能做得太大,这又影响了建设的速度和质量。沉箱式防波堤的问世,为防波堤的建设开创了一条

新的路子。

126. 你听说过空气防波堤吗？

在众多的防波堤中，最引人瞩目的是新兴起的空气防波堤。它的消浪原理很简单，主要是利用压缩空气在海水中形成一道几米厚的"气泡墙"，这些大大小小的气泡与水混合起来，形成一条特殊的水带。这条水带很轻，又特别活跃，

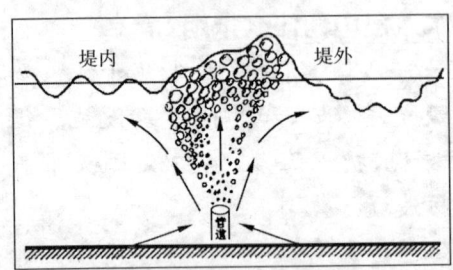

好像是海水里的一条"深沟"，海浪一进入沟内，随即被周围的气泡融化掉了。这种防波堤的建造也比较简单，把一条多孔管固定在水中或安置在海底，利用压缩机将空气压入管内，空气从小孔喷出后立刻在水中上浮，一连串上升的气泡构成一个帷幕，同时扰动起附近的海水上升。当上升的气体到达水面时，即形成方向相反的两支水平流，分别向两旁流去，周而复始地在管道两侧构成两个封闭的环流。海浪到达这里，首先与迎面的水平流相遇，一部分海浪即被破碎，余下的海浪继续进入垂直上升区，不断遭到破碎，从而起到消波的作用。

由于空气防波堤要消耗电能，且用电量很不稳定，因为电力的用量是随海浪大小而定的，电厂供电或自行发电都会遇到高峰时电力不足，低峰时电力过剩的问题。因此，海洋科学家们又产生了新的设想：在距离海岸不远的海面上安装一排浮筒，空气压缩机放在浮筒里。在浮

筒随海浪上升时,活塞就把空气压入水下管道。这种浮筒式的空气压缩机,能随海浪的大小自动供给防波堤足够的空气,起到以浪制浪的作用。

127. 为什么要建造水下防波堤?

在海边,人们常常可见狂风掀起的巨浪,带着翻滚的泡沫,怒吼着冲上海岸。而在开阔的海域里大海显得那么温顺,为何一接近海岸就暴跳如雷,像沸腾的锅炉呢?流体动力学的常识告诉我们,海浪是以波动形式传输能量的。在接近海岸时,由于海水深度变小,浪的波谷便波及海底。海底的反作用力破坏了波浪的正常波形,使得近岸海浪互相叠加,海浪变得更高更陡,并以千钧之力下落,冲击海岸。

为了阻止海浪对海岸和港口设施的破坏,人们采取了建筑海岸堤坝、在海岸边植树、建筑港口防浪堤等办法。但是,这些办法仍然不令人满意。为此,人们伤透了脑筋。

前苏联水文地理学家基特兰,多年从事防波课题的研究。他发现,当海岸发生滑坡时,大量泥土流进海中,堆积海底并被挤压变形,形成了与海岸平行的堤形褶皱,即所谓的突起堤。尽管突起堤是由易于冲走的泥土构成,但也能在海底保持一个多月。他还发现,在发生风暴时,虽然海岸到处被冲毁,奇怪的是突起堤对面的那段海岸受破坏最小,而且邻近岸段冲刷下来的泥土积聚在这里,形成了平坦的海滩。于是他想,为什么不可以建造水下防波堤来保护海岸呢?

通过基特兰的努力，1933年秋，前苏联在敖德萨的兰热隆湾建造了世界上第一条水下护岸防波堤。这条水下堤坝因为没有打地基，又建在泥质海底上，所以只存在了一年的时间。尽管这样，基特兰的设想也经受了实践的检验，显示出了水下防波堤良好的护岸性能。

128. 哪一个海堤被誉为我国古代三大工程之一？

在我国沿海的江苏、上海、浙江地区，有这样一条蜿蜒数千米的海堤。它北起江苏的连云港，南至浙江的苍南县，像一座钢铁长城镇守着这一带的海岸，防御着海水倒灌、海浪越顶，护卫着堤内广阔的滩涂和万千生灵。正因为它规模宏大，历史悠久，人们常把这千里海堤与万里长城、大运河一起誉为中国古代的三大工程。

这座海堤工程经历了2000多年的修建才形成今天这样巨大的规模。

129. 范公堤是怎样建成的？

范公堤位于江苏省沿海，是一条绵延千里的拦潮大堤，北起连云港，南至南通的启东。

范公堤修筑于1025年，当时范仲淹任西溪（今江苏东台）盐官。这位"先天下之忧而忧，后天下之乐而乐"的政治家，多次巡视江苏沿海，目睹这一地区"风潮泛滥，淹没田产，毁坏亭灶"的悲惨景象，怜悯之心顿生，便上书泰州知州张纶，奏呈朝廷批准修筑海堤。数万名民工历经多年的肩挑手抬，终于筑成了这条高5米，底宽10米，面宽3余米的海堤。海堤连接着通（今南通）、泰（今泰州）、海（今连云港）三州，成为江苏海岸的屏藩。为纪念范仲淹,人们就把它称作范公堤了。在完工后至今的近千年间,范公堤不断地被扩建延长,终于有了今天的规模。

范公堤是我国古代沿海最大的捍海工程。它犹如海边长城,护卫着千顷良田。它是千千万万与潮魔斗争的人们树立起来的一座丰碑,历代人民都把范公堤称为"皇岸"。明代曾有诗赞范公堤:"捍海功成百代崇,蛇龙区薮尽耕农。当年不有临川笔,到此谁知有范公?"

范公堤位置示意图

130. 我国苏北有哪三条著名的海堤?

"苏北"是江苏省位于长江以北部分的统称。在其沿海地区,我们的祖先因"每大风骤起,波涛汹涌,瞬息数十里煮盐之民溺死",便筑堤垒堰,抵御潮害。随着海水向东退缩,人们的耕作、晒盐也向沿海逼近,原来筑的海堤就失去了作用。于是,人们在近海重新筑堤。海堤如此兴废,由西向东,由老至新,充分反映了苏北海岸线退却成陆的概况。现在人们还能看到的海堤主要有三条,它们大致与海岸线平行,呈南北向延伸。

最老的一条位于串场河以西10多千米,这就是"捍海堤",公元766年所修,此后的200多年内曾经增修过数次。第二条就是著名的范公堤。范公堤最早由范仲淹于宋朝在西溪（今东台）主持修筑，此后，别人也多次增修。该堤沿阜宁、盐城、海安、如皋、如东一线向东南延伸。第三条是民国初年断续修筑的"华成海堤"或"退务堆"。在滨海、阜宁等沿海可见到。

从这3条海堤的修筑时间及各海堤间的距离推测，苏北最后成陆时海退的速度是不一样的。从766年建捍海堤到1025年建范公堤，其间250多年，海水东退10多千米，平均每年退40多米。在修范公堤的几百年间海岸带变化不大，而范公堤最后完工至民国初年的200多年中，每年平均退300米至400米，可见近200多年成陆的速度是惊人的。

131. 世界著名水城威尼斯面临什么难题？

意大利的威尼斯，是世界著名的水城。它濒临地中海的亚得里亚海，城内河流纵横，建筑艺术古老辉煌，风光景色绚丽多彩，每年来这里旅游观光的游客络绎不绝。水，使得这座城市驰名世界；水，又给这座城市带来不尽的困扰。由于地壳结构的变化，本来就和海平面在一个高度上的威尼斯城持续下沉。近百年来，城市平均已降低了10.16厘米。纵贯城区有一条连接泻湖与亚德里亚海的运河，在涨潮时，海水通过运河倒灌入城。1966年的一次大海啸，使全城所有古老的宫殿、博物馆、商店、居民楼都浸泡在近2米深的海水中，造成直接损失几千万美元，无数无价之宝被毁，损失惨重。另一方面，由于海平面上升，使得亚得里亚海在威尼斯附近的水位每年以1.3毫米的速度升高，闻名于世的圣马克广场，在涨潮时灌入海水，人们不得不趟着齐脚踝的水在广场散步。不但海水倒灌影响了威尼斯的旅游业，侵蚀着价值连城的艺术雕像和古老建筑，而且类似于1966年那样的大海啸时刻都在威胁着威尼斯城。

为拯救威尼斯，科学家曾提出很多治理方案。但是，威尼斯地理环境十分特殊，给治理威尼斯城提出许多难题。威尼斯城建在一个由浅海湾淤积而成的洼地

美丽的威尼斯

上。如今，城区一边是潟湖，有三个敞口通向大海；一条运河经威尼斯城将潟湖与亚得里亚海连接在一起，每天有无数巨轮往返于运河之上。潟湖不但维持着威尼斯脆弱的生态平衡和美丽风光，而且哺育着这里的运输业、化学工业和石油精炼工业。如果按传统的方法在潟湖入海口处建筑防潮大坝，必然对潟湖内的生态平衡造成破坏，海水的流体动力环境也随之改变。其结果可能是：威尼斯将会失去她往日的繁荣和美丽，大量的动植物不复存在，周围水体严重污染，大小船舶不能通行。这样的结果与毁灭威尼斯没什么两样。

既要建造防潮坝，又要保证威尼斯的繁荣，这仅是难题之一。另外，从工程上说要建的水坝跨度太大，这也是一大难题。目前，世界上已建成的防洪坝，最大跨度不超过80米，而威尼斯每个潟湖口的宽度都在300米左右。

正因为有这两大难题,所以许多方案尽管从局部看十分完善,但是综合上述各方面的要求,可行性就很小了。海洋工程学家们绞尽脑汁,终于想出了一个"新威尼斯"工程计划。

132. 什么是"新威尼斯"工程?

"新威尼斯"工程开始于1988年10月底,由若干个钢箱组成的活动式实体试验性防潮大堤,徐徐地落在了威尼斯附近的海底,从而拉开了"新威尼斯"工程的序幕。

这是一项集现代海洋工程技术和现代社会财力于一身的浩大工程,整个工程预算超过26亿美元,由意大利政府和本国的几个大财团共同投资。为不影响这一地区的生态环境和威尼斯赖以生存的航运通道,大堤由一连串用铰链连结在海底的活动大门组成。大堤建在泻湖的入口处,大门由若干个20米×15米的钢箱组成。在平时,钢箱内注满海水,因重力大于浮力而沉在海底,毫不妨碍海水的交换和船舶的通行;当遇到恶劣气候时,向箱内泵入空气,排出压重水,钢箱便浮在水面,挡住海啸的巨浪。

当然,"新威尼斯"工程还碰到一些细节问题尚待解决。第一,连接钢门的大铰链将同时兼作钢箱的压气排水阀门部件,如何使它达到协调的最佳效果,现在意见还不一致。第二,为防止像1966年那样的海啸发生,大堤每年要启用40余次,如此频繁的关闭势必给航运造成不便,并影响泻湖的水交换。解决这一问题的办法,一是根据历史资料,计算出最佳开启的次数,尽量缩短每次开启的时间；二是把运河的岸堤加高2米，在一般的小海潮时不启用活动坝，减少开启次数。

掌握大坝的关启时间是发挥大坝效益的关键。如此巨大的堤坝，开启一次需要几个小时。如果对大海潮来袭时间判断有误，其损失将无法估量。为此，大坝将配备一台大型计算机，随时收集气象台的气压、风力、气温、降雨等预报数据，并与历史资料进行比较，做到在恶劣海况来临之前6小时～12小时做好大堤的启用准备。看来，威尼斯在不久的将来将会沉没的说法，是大大低估了人类的创造能力。

133. 南极科学考察站的建筑物有什么特点？

南极是地球上自然环境最恶劣的地区之一，正因为如此，南极科学考察站的建筑物都有其独到之处。在60年代，那里的建筑一般是普通的本质材料房屋，外形很像集装箱，直接落地。70年代后，多是钢铁骨架，以复合材料为墙板和顶板，均属组合式房屋建筑。在露岩区的建筑物通常是离地1米，下面留有风雪通道的

建在南极的中国科考站

高架式建筑；在冰原上则根据当地积雪情况选择建筑物的样式。因为南极地处高寒低温地带，常年风大雪多，对各种建筑物的物理破坏性很大，又因为不少考察站多建在沿海，因而考察站内的所有设备常年处在盐腐蚀作用

下,所以人们在选择考察站的建筑材料时要求很严格,特别是在材料的强度、御寒、耐腐蚀、防火等方面要求更为苛刻。

南极科学考察站是人们长期进行科学活动的场所,因而它需要有比较完善的生活设施和先进的科学考察仪器。建设一座极地科学考察站一般应有以下主要设施:发电站、燃料库、气象观测站、宿舍、通讯房、食堂、医务室、食品库、各种实验室、直升机场等等,有了这些良好的条件,才能保证科学家们的正常生活和科学考察工作的顺利进行。

134. 哪座港口城市因建筑材料而被毁灭?

苏丹的苏阿金在100年前曾是一个著名的港口城市,有"红海威尼斯"之称。可是今天它却成了一座"死城",船只无法靠近,陆上荒无人烟,几百座宫殿和房屋仅剩下残垣断壁。这一切是怎样造成的呢?

悲剧是由建筑选材的错误造成的。大约在1860年,这里的人们发现珊瑚的石灰质既坚硬又美观,以为是建房的好材料。于是,他们从红海的各个海域里搜集了大量珊瑚,没有采取任何防护措施直接用于建房。这种天然"建材"物美价廉,造出的房子富丽堂皇。但是好景不长,没多久灾难便降临了。陆地上的珊瑚破碎了,一幢幢房屋随之倒塌;散落在港口中的珊瑚水螅体也迅速繁衍,形成一道水下屏障,致使轮船不能进港。就这样,一座繁华的城市被珊瑚毁灭了。

135. 海水也能拌制混凝土吗?

人们拌制混凝土用的水,历来都是淡水。由于海水对钢筋有锈蚀作用,各国的有关技术规范历来都禁止用海水和未经清洗的海底砂石拌制混凝土,也禁止用海水对位于海上大气区、浪溅区、水位变动区的钢筋混凝土构件进行养护。

世界上许多岛屿、沿海地区和沙漠地区的淡水奇缺,人们都是靠远距离运送淡水或就地对海水进行淡化,不但技术上困难重重,而且价格昂贵。因此,长期以来,各国建筑界,特别是从事沿海工程的部门,都希望能找到一种办法,用海水和未经清洗的海底砂石拌制混凝土,而且质量能符合要求。为此,人们做出了不懈的探索和研究。

现在,建筑界多年来的希望已经变成了现实:英国伦敦混凝土高技术公司研制出的一种称为 Z-12/C 的化学掺合剂,可以改进水泥的特性,从而使得海水和未经清洗的海底砂石可直接用于拌制混凝土。Z-12/C 掺合剂是由 18 种无机化学品混合而成的,它已在法国南太平洋海岛核试验场的钢筋混凝土围墙工程、摩纳哥港口建筑物的基桩工程和其他几个国家的海岸工程中使用,均得到了满意的结果。使用 Z-12/C 掺合剂后,用海水拌制的混凝土易合性好,孔隙率和裂缝现象减少,凝固时间短,表面干燥、光滑,而且在钢筋表面还能形成一层无机聚合物,起到保护作用。

136. 水下焊接与陆上焊接有什么不同?

焊接是水下工程常进行的工作之一,如果把陆地使用的焊接方法直接照搬到水下,那肯定是行不通的。因为焊接时的高温将水汽化,产生大量的气泡,妨碍潜水员看清焊接处的表面质量,而刚刚焊接过的地方又因冷水淬(把金属工件加热到一定温度,然后浸入冷却剂中急速冷却,以增加硬度)变硬变脆。在水下石油开采工业不断发展的今天,国外各公司纷纷设计了各种各样的水下焊接室,这种焊接法也叫干式焊接。就是把一个封闭式的水箱跨在工件上,用无氧的高压气,把水从水箱中排出去,再用焊接枪焊接。这样就使水下焊接条件与陆地上相近,保证了焊接的质量。

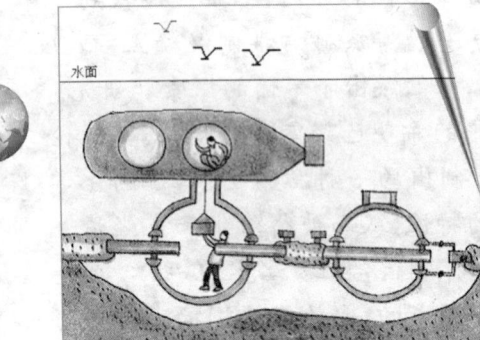

焊接室有几种形式,最简单的是局部排气的小焊接室。潜水员站在室外,只把拿焊把的手伸入小室中焊接。稍复杂的一些排水焊接室是可以进入一个潜水员的。最大的焊接室简直就是个水下车间,巨大的圆筒形的框架长达51米,高8米,宽10米;它能抓住淤泥、沙子和黏土中深达1.5米的管道,把它举到离海底1米的高度;框架的中部有一个工作舱,形状像一个无底的盒子,长9米,宽4米,高4米,舱上有一个可以开关的门,当管子抬起时门打开,修理时门关上,以保证气密性。这个框架的重量为400吨,工作舱的重量165吨。由于深水中光线不好,因此还必须有一定的照明设备。

水下焊接技术还有一个问题是陆上焊接施工时所不需要的,那就是保护潜水员在工作时不被一些凶恶的鱼类攻击和伤害,最主要的是鲨鱼。因此,人们又想出很多的办法来降伏鲨鱼,但有效的办法不多。为了预防鲨鱼,有的工作点干脆罩上了防鲨网,这确实有一定的效果。

海洋工程

海上铸造希望

137. 为什么要开凿海底隧道？

海峡是大海的咽喉，它像天堑一样把大陆和大陆、大陆和海岛隔开。最窄的海峡也有几千米宽，波涛的阻隔给两岸带来不便。虽然有的地方已建起了跨海大桥，可是，海上风大浪狂，潮高流急，海水又有强大的腐蚀性，建桥也非长久之计。再加上地形、建筑物、造价等种种因素限制，也不是任何地方都能建桥的。有些地方，如英法之间的英吉利海峡，日本本州岛和北海道之间的津轻海峡，都是风大浪急的地方，距离又远，不要说建桥不容易，就是建好了，恐怕也难以长久。怎么办呢？科学家认为，建造海底隧道是最好的选择。

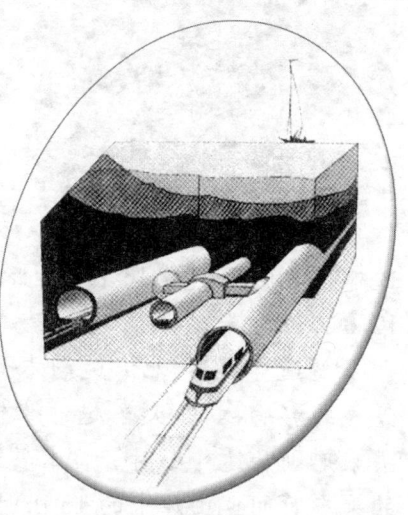

海底隧道示意图

海底隧道是为解决横跨海峡、海湾之间的交通，又不妨碍船舶通行，建在海底之下供人员及车辆通行的地下建筑物。目前，全世界建成和计划建造的海底隧道共计20多条，主要分布在日本、美国和西欧。

138. 世界上最早建成的海底隧道是哪一条？

日本青函海底隧道可称得上是世界上最早建成的隧道了。它南起本州青森县，北至北海道的函馆，横穿日本的津轻海峡。隧道全长53.85千米，其中有23.3千米在海底。就连高速火车仅通过隧道，也要13分钟。它的主隧道宽11米、高9米，中央部分在海面以下240米，切面是马鞍形，可装进三层高的楼房。隧道内铺设2条铁路，另有2条用于后勤供应的辅助隧道。

日本青函海底隧道

青函隧道是1964年正式开工修建的，于1988年3月10日建成开通，整个工程耗时24年，耗资37亿美元，每千米造价7000万美元，人称"世纪性的大工程"。整条隧道建设共使用钢材16.8万吨，水泥29万吨，开挖砂石量1010万立方米。

隧道建成后，北海道与本州之间的交通不再受恶劣天气的影响，电气火车越过津轻海峡仅需30分钟，而过去乘船则长达4小时。日本首都东京到北海道首府札幌的乘车时间也由原来的16小时50分钟缩短到5小时40分钟。青函隧道的建成对日本的经济发展起了很大的作用，它不仅具有重要的经济价值，而且还具有特别重要的军事战略价值。

139. 青函海底隧道在施工中采用了哪些技术？

青函海底隧道的建成历时24年，先后有1100万人次参加施工，足见它的施工难度有多大。这是由于工程所处海域受火山活动的影响，地形构造复杂，明显的断层带就有4处,施工十分艰难,特别是海底部分,难度更大。在修建期间,先后发生过4次大的出水事故,最高出水量每分钟达80吨,连续出水50多天,严重影响了工程进展。为此,在施工中采用了水平掘进技术和注入止水技术。

水平掘进技术,即是在主坑道800米外,水平挖掘先导坑道和作业坑道。先导坑道供勘察人员调查主坑道途中的地质情况,作业坑道用来运送施工器材及石料。注入止水技术,是在遇到渗水岸层和松软地带时,在隧道外围放射状地钻出30多米隧道,高压注入乳状水泥和水玻璃等混合凝固液,在周围建起5米至10米的防水层。同时,为了防止隧道崩塌,在坑道内壁喷涂几十厘米厚的水泥。

140. 你知道著名的英吉利海峡隧道吗?

1994年5月6日是一个值得庆祝的日子,这一天,英国女王伊丽莎白二世和法国总统密特朗共同主持了连接英伦三岛和欧洲大陆的英吉利海峡隧道的通车典礼,这标志着历时7年之久的海峡隧道正式建成开通。

英吉利海峡和多佛尔海峡是英国与法国之间的两条海峡,英吉利海峡较宽,最窄处也有96千米;多佛尔海峡较窄,最窄处仅33千米,最浅处水深27米。它们是国际上海运最繁忙、来往船只最多的海峡,然而那里风大浪高,大雾茫茫,浅滩广阔,礁石丛生,因而海难不断,油轮失事造成的污染日益严重。英法两国酝酿了200年之久,直到1974年才决定在多佛尔海峡最窄处动工开凿海底隧道,名为英吉利海峡隧道。后因经济等种种原因,挖掘工作时断时续,最后干脆完全停工。1986年,英法双方经过研究,决定继续修建。经过7年多的艰苦施工,终于在1994年5月6日建成通车。隧道建在英国的多佛尔市附近的切里顿和法国加来市附近的弗雷顿之间的海底,全长53千米,其中38千米在海底40米深的岩石中穿行,是目前世界上最长的

英吉利海峡隧道

海底隧道。整个隧道耗资96亿美元,它由平行的两条主隧道和一条服务隧道组成。主隧道直径为7.6米,一条供伦敦至巴黎高速火车通行,另一条供专门载运各种车辆及乘客的高速火车通行。服务隧道直径为4.8米,建在两条主隧道之间,主要为主隧道的通风和维修服务。每隔一段距离还有一条横向隧道与主隧道相通。

过去乘船过海峡从巴黎至伦敦需要5小时,现在仅需3小时,而乘高速火车通过隧道只需35分钟。目前,该隧道每年客运量有8430万人次,货运2600万吨。

141. 英吉利海峡隧道中采用了什么样的降温措施?

英吉利海峡隧道由于又长又深又窄,加上高速火车运行时产生的热量,使隧道内的温度高达55℃。如此高温不仅使隧道内的人员受不了,长期下去也会出现铁轨变形等设备故障。按照常规,隧道里的温度应在3℃~

10℃之间。为了把温度降下来,工程技术专家们设计在两条主隧道之间再安装一条冷却管道,以冷却隧道里的空气,同时借助火车的运行促使空气的流通。为此,在隧道的两端,各建造了一个巨大的冷却器,将3℃的冷却水流过冷却管道,运动中的冷水带走热量,出管时水温可达到15℃。整个冷却系统的管道总长500千米,冷却管道的直径为60厘米,可容纳7万吨水量,冷却系统耗资达2亿美元。

为了保证隧道的安全,设计人员对水灾、火灾、地震、列车脱轨等意外灾难发生时的应急措施也作了周密的安排,整个隧道的运行情况都有计算机监视和控制。

英吉利海峡海底隧道堪称20世纪最大的工程,它可以说是世界隧道开凿史上的又一个里程碑。

142. 香港到九龙半岛的海底隧道有哪些?

香港地区共拥有4条主要供机动车行驶的海底隧道,其中,九龙半岛的狮子山隧道、飞机场隧道及香港岛的香港仔隧道是由香港政府出资兴建,归运输署管理;而连通九龙半岛至香港岛的维多利亚海峡海底隧道则是集资兴建,由香港隧道有限公司管理经营。此外,九龙至香港之间还有一条地下铁路海底专用隧道。

九龙至香港的海底公路隧道的建成,是香港交通史上的里程碑,也是一项闻名世界的大工程。海底公路隧道的修建计划于1955年开始研究,经过10年筹备,于1966年动工,工期历时6年,1972年建成通车。隧道全长2625米,其中海底部分为1290米。整个工程采用混凝土钢管沉埋法,共耗费钢铁2.3万吨,至于水泥等建筑材料更是不计其数。建筑费总投资达3.2亿港元。

香港海底隧道

20世纪70年代中期建造的维多利亚海峡海底隧道工程,也是令人叹服的。施工部门按照设计要求,在陆上用钢筋混凝土浇制好14个体积庞大的隧道沉管,然后把它们一个个沉到海底,再接起来,固定好。这样的庞然大物,在陆上施工当然不是什么困难的事,但在海底施工就不那么容易了。所以,它的施工耗费了巨大的人力和财力,通车里程38.6千米,投资205亿港元。

143. 海底隧道的施工方法有哪些?

建立海底隧道,最大的技术难点是如何在水下几十米深处挖掘通道。当前,世界上通用的两种施工方法为:盾构法和沉管法。什么是"盾构法",什么是"沉管法"呢?

"盾构法"是首先在海峡或江河两岸开掘三个互相平行的隧道洞口,然后用"盾式掘进机"在水下深层挖掘。盾构的外壳是圆筒形的金属结构,各种施工设备就是在它的保护下进行工作的。这种施工方法,由于海底深层的挖掘工作量大,因而工期长、造价高。英吉利海峡隧道就是用这种方法建造的,担负开凿任务的是11台庞大的"盾式掘进机",这个庞然大物足有两个足球场那么大!

掘进机先开凿出圆形隧道，沙石泥土用传送机运出，整个隧道的土石方量大约为 1500 万立方米。

"沉管法"是将岸上预制的钢筋混凝土结构沉管，两端用临时封板密封，分段运到隧道位置的水面上，然后向沉管内注水增加重量，借助船吊装置，将沉管准确地沉放于预先挖好的水槽内。

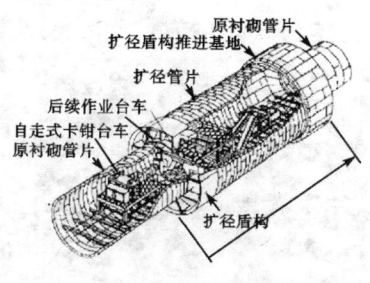

扩径盾构法

沉管之间的接头，用橡胶垫和密封圈组成内外两道止水带，以防止海水的侵入。利用水压作用将各段沉管拼装成连续结构，再拆去临时封板，抽去积水，一条贯通两岸的隧道就建成了。这种方法，由于无须在海底深层大量挖掘，因此工期短、造价低。我国大陆第一条公路地铁合一的大型水下交通设施——珠江隧道就是采用这个方法建造的。

144. 隧道能悬浮于海中吗？

也许你曾经乘火车穿过位于高山中的隧道，也许你也曾乘汽车穿过位于海底以下几十米深处的海底隧道，但是你听说过悬浮在海中的隧道吗？欧洲工程师别出心裁，眼下正在筹划建造世界首条海中悬浮隧道。这项计划将在挪威斯塔万格市附近的奥阿内斯和莱于维克两地海峡中实施，挪威工程公司及其所属欧洲最大造船厂克维尔纳公司将投资修建这条悬浮隧道。隧道总长为 1 英里（1 英里＝1.6093 千米），有 2 条往返车道和 1 条环形路,将采用管道沉放式悬浮法建在水下80英尺(1英尺＝0.3048米)和距海底400英尺之间。此项工程约耗资1亿英镑,其目的在于取代以往穿越赫格峡湾的汽车轮渡。

海中悬浮隧道

这项技术可代替高架桥和海底隧道。日本交通管理局已经选择好3处地址,由政府拨款修筑海中悬浮隧道,其中有抵达北海道内浦湾的海中大型隧道工程。欧洲的瑞士和意大利也在商议修建穿行湖区和海峡的水中悬浮隧道。瑞士将建造穿越卢加诺湖的水中高速列车通道,意大利则计划在科莫和莱科湖以及墨西拿海峡筑造类似的水中悬浮隧道,以期改善交通,加速旅游业发展。

海中悬浮隧道比起高架桥和海底隧道来,它们造价更低廉,无需凿地钻孔作业,有益于保护自然环境。

145. 海中悬浮隧道将面临哪些工程技术问题?

大家已经知道,世界上很多国家都将建造海中悬浮隧道,那么建造海中悬浮隧道工程有哪些突出的技术问题需要解决呢?首先必须考虑海面以下巨大的波浪冲击力。目前对付这种自然力尚缺乏长期经验,挪威科技大学的一项研究表明:通常海中悬浮隧道的摆幅达1米以上。大家不妨设想一下,驾车行驶在晃晃悠悠的水泥管道中,那滋味肯定令人不寒而栗。

建筑公司目前正在认真考虑面临的技术问题,并且在解决有关问题上已经取得了进展。他们确信,在石油钻井平台方面取得的工程革新技术以及建造其他沿海建筑设施的经验,完全可应用于建造这些新型海中悬浮隧道上。不久的将来,一条条雄伟壮观的海中悬浮隧道将使人们更加方便地穿行于大海与陆地之中。

146. 世界上将要兴建的海底隧道还有哪些?

意大利和西西里岛之间的墨西拿海峡,计划建造一条悬浮式海底隧道。该隧道是采用钢筋混凝土结构,管道截面宽42米、高24米,悬浮于水中30米深处,采用计算机控制因车辆通行引起的隧道摆动。隧道的左右两侧为铁路,上下两层为汽车路。这种隧道比普通桥梁隧道造价低50%。

另外,丹麦和瑞典之间将建造3.4千米长的海底隧道;土耳其也在筹建一条9千米的海底隧道;西班牙和摩洛哥已达成建造直布罗陀海峡隧道的协议,该工程将持续20年左右,计划建造3条平行的用于火车和汽车通行的隧道,每条隧道长47千米,有26千米在海底通过,预计耗资10亿美元。

日本也计划建造大阪湾海底交通走廊,将大阪湾沿岸城市连接起来。该项工程将耗资28万亿日元。该隧道将位于大阪湾海平面以下30米至50米处,把神户、大阪、土界市、关西国际机场、洲木市和津名市从海底连接起来。届时,从神户到关西国际机场只需16分钟,从神户到歌山只需23分钟。

147. 人类建造桥梁的本领是从哪儿学来的?

俗话说得好,"逢山开路,遇水架桥"。大凡建造公路、铁路都会碰到一个共同的障碍——河流或深谷,这时就必须建桥了。有史以来,桥对于沟通人们之间的交往就起着举足轻重的作用。实际上,今天使用的许多类型的桥梁在千百年前人们就已经会建了。

大自然为人们提供了第一座桥。一棵倒塌的树,或是一块坍塌的岩石在一条小河上使人们能过到河对岸,这些就是最原始的桥。于是古人学着自己把树干拖去建造新桥。一些地方溪流或河道太宽,仅一根树干或石块是不能到达对岸的。于是,人们又把一根根树或一块块石头置于高出水面的石头上。不久,人们便意识到不需要依靠大自然提供建桥所需的桥墩。把石头或是装满石头的柳条篮子沉到水里,这样就做成了每一段的桥墩。这就是横梁桥。一座简易横梁桥是由一个置于两岸支撑物上的主块所构成的。两岸的支撑物叫作桥台。如果一座横梁桥是建在水上许多支撑物上的,这就叫作连续横梁桥了。水里的支撑物就叫作桥墩,两桥墩间的长度就叫作墩距。

古人还使用藤条建造了另一种类型的桥——吊桥。藤条从溪谷或小河一岸的树上长到另一岸的树上,这样大自然便为人们提供了这种类型的桥的样板。多根藤条和这根连接两树的藤条缠在一起,便形成了一根粗大的缆绳,而另一根粗大下垂的可以用作引桥。今天吊桥常被用来建造大跨度的桥。吊绳是用成百根钢绳组成的。

海洋工程

　　罗马文明是工程学十分发达的时期,罗马人就是建造石拱桥的大师。拱桥是第三种基本类型的桥梁。这种桥的建造方法是拱的两端向外向下延伸直达两岸,使它比横梁更为结实。

　　所以,早在2000年以前,这三种基本形式的桥梁设计——梁式、吊式、拱式就已经发明了,可是直到18世纪和19世纪的工业革命,桥梁建筑才成为一门科学。

148. 我国古代人民利用潮汐建成的桥梁是哪一座?

　　为了把潮汐的巨大威力充分地利用起来,我国古代劳动人民早在1000年前就开始研究利用潮汐了。宋朝时,人们在福建泉州附近修建洛阳桥时,就用到了潮汐。这是一座块石砌的桥,桥长365.7丈,宽1.5丈(1丈＝3.33米)。

　　那个时候,既没有火车也没有汽车,大批石块很难搬运,生活在海边的人们就利用起潮汐来。他们把凿下的石块放在木筏上,趁涨潮时把带有巨石的木筏运到施工地点。那个时候也没有起重机,为了把巨大的石块举到一定高度,人们利用潮水上涨时使石块上升,然后随着潮位下降,再让石块慢慢地落到预定位置上。这样既节省了劳力,又保持了石块的完整无损。现在,这座桥依然不减当年的风姿,大家一定要去看一看,它可是我国古代劳动人民利用潮汐建桥的典范。

149. 世界上著名的跨海大桥有哪些?

　　你见过建在海上的桥吗? 这就是跨海大桥,它一般架设在比较狭窄的海域上,是人类开发利用海洋空间的又一项工程技术。目前,全世界已建成大型海上桥梁50多座,著名的跨海大桥有日本濑户内海大桥、博斯普鲁斯海峡大桥、美国金门海峡大桥,以及沙特阿拉伯和巴林之间跨海公路大桥等。它们犹如一条条壮丽的长虹飞架于世界各地的海峡之上,载着人们通向美好的彼岸。

跨海大桥是海上交通和国际交通的一个重要组成部分,它和海底隧道一样,正在为全人类的交通事业作出突出的贡献。跨海大桥,既是人类开发海洋的桥头堡,也是人类通向21世纪的桥梁,更是人类通向未来和希望的桥梁。今后,人们还将设计出更加雄伟,更加现代化的跨海大桥来。

150. 世界最长的跨海公路大桥在哪里?

你知道世界上最长的跨海大桥是哪一座吗?它就是我国目前已经建成并通车的杭州湾跨海大桥。投资118亿元的宁波杭州湾跨海大桥连接了杭州湾南岸的宁波慈溪和北岸的嘉兴平湖,这将使宁波到上海的路程缩短120千米。它的建设,不仅将直接加速中国繁荣的长江三角洲地区经济和社会的一体化,还把中国的桥梁建设从江河时代推进到了海洋时代。这座跨越整个杭州湾、全长36千米的6车道公路斜拉桥将成为中国内地第一座、世界上最长的跨海大桥。工程于2003年底全面开工建设,于2008年底完工并于2009年通车。

杭州湾跨海大桥

151. 最长的铁路和公路两用跨海大桥是哪一座?

日本的濑户内海有一座铁路和公路两用桥,自本州的风山至四国的香川,叫作濑户大桥。这座被称为"跨海长虹"的海上大桥全线由18座桥组成,其中有吊桥、悬索桥、双塔斜拉桥,它们飞架在5个小岛之间,于1979年1月开始动工,1988年4月10日建成,共耗资100多万亿日元。桥全长37.3千米,海面部分长13.1千米,桥面离海面高度8.5米,是目前世界上最长的铁路、公路两用跨海大桥。大桥分上下两层,上层有4条汽车道路,可允许时速为100千米、载重43吨的大型载重汽车通过;下层是双线铁路,火车时

日本濑户内海大桥

速可达 120 千米/小时，载重 1400 吨。火车通过这座大桥，从东京可直达北海道首府及四国岛。

152. 世界上最长的吊桥有多长?

到过上海的同学一定都见过南浦大桥的雄姿，高高的桥塔、粗如手腕的斜拉钢索、宽阔的路面，它就是一座典型的斜拉吊桥。吊桥不仅实用，而且更具美感，从远处看，它就像是一件绝妙的艺术品。那你知道世界上最长的吊桥在哪儿吗？它位于日本。为把本州岛的明石市同濑户内海里的淡路岛连接起来，日本兴建了这座世界上最长的吊桥。这座吊桥有 6 条行车道，桥塔顶高出海面 330 米，桥面高出海面 65 米，全长 3910 米。这样你就能想象得出它的雄姿了吧。有机会大家可一定要去一睹它的风采。

153. 香港青马大桥为什么被称为世界第一钢索桥?

1997 年 4 月 27 日正式落成的香港青马大桥，以其公路、铁路双层两用及规模、结构之最，成为当今世界上第一大钢索桥。

香港青马大桥

青马大桥于 1992 年开始动工，它位于九龙半岛西部的青衣岛和大屿山旁的马湾岛，是香港新机场的核心工程之一。青马大桥的跨度为 1377 米，分上下两层。上层为公路，6 车道

42米宽,下层有铁道2条和公路4车道。桥的设计使用寿命为120年,可以承受的重量180吨,可以抵御10级的强台风。大桥的通航高度为62米,两座桥塔高206米,桥身每米的平均重量约为30吨。它有两条直径为1.1米的主吊缆,由3.3万根5.4毫米的高拉力钢丝组成,这些钢丝的总长度约为16万米,可以绕地球4圈了。

今日的青马大桥,一桥凌空,两座桥塔系着钢缆,在两岸青山和蔚蓝色海水的衬映下,显得尤为俊俏。青马大桥的开通,把香港市区和大屿山的距离拉得更近了。有人认为香港未来发展的重点当在大屿山一带,所以,青马大桥是香港未来发展的新标志。

154. 连接欧亚两大洲的跨海大桥建在哪里?

大家知道,欧亚大陆是世界上最大的大陆,位于土耳其的伊斯坦布尔市的博斯普鲁斯海峡就处于欧亚两洲的分界线上。博斯普鲁斯海峡大桥,就是横跨欧亚两洲的跨海大桥,更是名副其实的跨洲大桥。它是沟通亚洲与欧洲的重要通道之一。该桥于1972年动工,1973年10月建成通车,全长1590米,中央跨度为1074米,每天可通过近20万辆汽车。它的建成极大地促进了土耳其经济和贸易的发展,并对加强欧亚两洲的交通和贸易具有重要意义。

155. 美国著名的金门大桥有什么特点?

美国著名的金门大桥想必大家都知道了,在众多介绍美国的电视片、电影、画报上,人们都可以见到它的雄姿,它几乎可以和自由女神像、白宫等美国标志性的建筑

物相媲美。金门大桥建在美国旧金山市东部旧金山湾的

海峡上。它始建于1933年,经过4年又3个月时间的施工,于1937年5月27日建成通车。它是一座悬索桥,也称吊桥,全长2824米。两岸的两座门字形桥塔,高出水面227

美国旧金山金门大桥雄姿

米,是当时世界上最高的桥塔,即使高潮时,海面距桥底仍有67米,可供巨轮通过。大桥两端拉着两条直径92.7厘米,重2.45万吨的钢缆,由452柱巨型粗缆索悬吊在钢缆上,然后铺设桥面板,整个大桥悬索约100万吨重。

156. 世界上将要建造的跨海大桥还有哪些?

西班牙专家最近提出一项建议:在直布罗陀海峡上修建一座长达27千米的跨海大桥。预计投资1万亿比塞塔(西班牙货币单位),用5年时间建成。该桥宽40米,有2条铁道和3条汽车道,桥离海面距离为100米。这座大桥的建成,将有力地促进欧非两大洲经济贸易的交往和发展。

日本最近又提出了在东京湾口、纪淡海峡、伊势湾口、丰予海峡、早崎海峡和长岛海峡,建5座海峡大桥的新构想。另外,日本还计划用10年时间修建两座连接俄罗斯的大桥,一座贯通日本北部的北海道与俄库页岛,长43千米,另一座大桥从库页岛至俄本土,长7千米。

瑞典也决定兴建厄勒海峡大桥,将斯堪的纳维亚半

岛与欧洲大陆连为一体。

美籍华裔桥梁专家林同炎的设想更令人称绝,他提出在白令海峡建一座大桥,将全球陆地沟通。将在西伯利亚和阿拉斯加之间建造的桥长88千米,共有220个桥墩,相邻桥墩之间距离约400米,桥体离海面30米。这座命名为"洲际和平大桥"的建筑分三层,上层是双行线的高速公路,中间为双线铁路,下层为输油管和输气管,预计造价约为500亿美元。

157. 我国的跨海大桥建设取得了哪些成果?

1956年初夏,一代伟人毛泽东面对滚滚长江,挥笔写下了"一桥飞架南北,天堑变通途"这一脍炙人口的诗句。弹指一挥间,如今万里长江上,20余条长虹飞架,天堑早已成通途。在我国绵长的海岸线上分布着6536个岛屿,祖国大陆与岛屿之间、岛屿与岛屿之间,也有数十条钢铁长虹已经飞越海峡,将它们连为一体。

那么近年来,我国跨海大桥的建设取得了哪些突出的成果呢?成绩可谓非常显著,较著名的有辽宁海城跨海大桥、厦门大桥和天津女沽山大桥。其他

建设中的青岛海湾大桥

还有连接青岛与黄岛的女姑山跨海大桥,全长3060米,是青黄高速公路的一部分;连接大榭岛和北仑的跨海公路、铁路两用桥,全长达800米;浙江象山蚂门港海峡跨

海公路大桥,全长270米,宽7米,它还是我国目前最大的跨海单孔桥;连接浙江椒江市区南北两岸的椒江跨海大桥,全长2300米,宽15米;连接福建福清市与海坛岛的跨海大桥,全长3000多米;珠海西区3000米的珠海大桥等。广东汕头的南澳岛也计划利用台资建设跨海大桥,大桥从长山尾经凤屿与澄海县桃园新城相连;汕头市经妈屿的海湾大桥也在建设中;广东上川岛亦计划修建从青栏头至大陆赤溪铜鼓嘴的大桥,下川岛也计划修建跨海大桥;1983年11月,爱国华侨张和平捐资12亿元,为湛江南三岛修筑跨海大桥,该桥长1380米,宽12米,把海岛与大陆连在一起;横跨胶州湾的青岛海湾大桥正在紧张的施工中,计划于2011年通车。

连接香港、澳门、珠海的港珠澳大桥已于2009年12月奠基,大桥跨海逾35千米,相当于9座深圳湾公路大桥,成为世界最长的跨海大桥;大桥将建6千多米长的海底隧道,施工难度世界第一;港珠澳大桥建成后,使用寿命长达120年,可以抗击8级地震。

158. 渤海通道将如何建设?

渤海是我国最大的内海,波浪滔滔的海峡,大大地阻碍了华东、东北、华南地区客货运输。旅顺和蓬莱隔海相距57海里,中间有庙岛列岛共计32岛屿,明礁66个,暗礁和浅滩18处,岛礁之间一般距离2千米至5千米,平均水深25米。到本世纪末,一条海底隧道将连通渤海海峡,到那时,从旅顺到烟台可直接从海底通过,免去了绕道天津之苦。

1994年5月,国家软科学研究重点项目《渤海海峡跨海通道》报告得到钱伟长等20名著名专家的认可,有关部门已开始组织第二阶段的软科学研究。该报告的基本设想是在烟台与大连间以铁路轮渡解决跨越渤海问题的同时,着眼于在蓬莱、长岛、旅顺间,修建"南桥北隧",沟通铁路和公路的运输。具体方案是在蓬莱与旅顺57海里间,借助长山列岛9个岛屿和众多明暗礁石,用"七桥二坎一隧"的形式将散布在渤海海峡的岛屿像项链般串

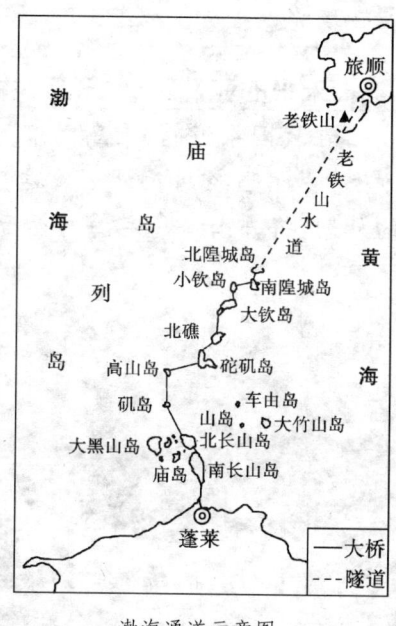

渤海通道示意图

联起来,从水底贯穿老铁山水道,形成世界最长的跨海通道。经专家预算,该工程总投资达500亿至600亿元。"蓬旅隧桥"工程包括1条海底隧道、2条大坝和7座大桥共10项工程。通道建成后,将使环渤海的弯路运输变为直线运输,大连到烟台的行程可缩短1800多千米,大连到上海也可缩短1200多千米,大大节省了客货运时间和资金。同时,它还将极大地缓解京沈、京沪铁路运输的紧张局面,并带动相关工业的发展。

"蓬旅隧桥"将使我国在海洋资源开发的多个领域跃居世界领先地位。它将作为世界上最长的跨海工程而载

入史册;以它为依托,可以兴建世界上第一座大坝海流发电站;以它为网口,还可以把渤海变为世界上最大的海水养殖场呢。

159. 未来的亚洲第一——"东方大桥"有多长?

在我国东海的"千岛之市"舟山,建造亚洲第一的"东方大桥"也已经列入计划。这项被称为舟山"半岛工程"的计划,将舟山本岛定海与两面的金塘、册子、富翅,与宁波连成半岛,并架通定海与朱家尖岛大桥,使之与正在兴建的朱家尖机场接轨。1999年6月1日,我国华东地区第一座特大型跨海大桥——朱家尖海峡大桥胜利建成通车。大桥建设里程6085米,桥长2706米,宽12.5米,跨越舟山与朱家尖岛之间的普沈水道。到2010年,舟山群岛地区将有6座跨海大桥耸立在海上,沟通宁波与舟山本岛,途中经过黄蟒岛、金塘岛、册子岛、里钓山、富翅岛等岛屿。这6座跨海大桥分别是蛟门大桥、金塘水道大桥、西堠门大桥、岭港大桥、响礁门大桥和桃夭门大桥,总长11000米。该计划还包括建设长达870米的隧道,总投资预计60亿元。不久的将来,舟山群岛与大陆相连将变为现实。

舟山大桥

160. 兴建跨海工程能带来什么样的经济效益?

建桥是盛世之盛举,沿海出现的建桥热,既是我国沿

海洋工程

海经济蓬勃发展的必然结果,也是促进沿海地区经济发展的需要。这主要表现在三个方面:

首先,交通更加方便。如渤海海峡"蓬旅隧桥"通道修成后,将使环渤海"C型"运输变为"I型"直线运输,东北地区与华北、华南沿海各大中城市的运距可缩短500千米至800千米。

二是将促进海岛经济腾飞。我国海岛因其独特的地理与资源优势,如今已成为我国对外开放的前沿地带。山东计划近期先开发34个有人居住的岛屿,使之成为海洋渔业、水产养殖基地和旅游胜地。广东自1991年以来建立的南澳岛、横琴岛、川岛、海陵岛和东海岛等一系列海岛开发区的建设步伐正在加快。跨海大桥的建成,会把这些海岛与大陆连在一起,将进一步优化投资环境,为大规模的海岛开发奠定基础。

三是将促进海洋旅游业的发展。自1980年以来,我国主要滨海旅游城市每年接待海外游客所创外汇,约占全国旅游外汇的45%。目前,沿海及海岛地区每年接待的游客人数以高达20%~30%的速度递增。随着人们生活水平的提高,旅游人数会日益增加。跨海大桥的建成,既给游人增加了游览的新景观,又方便了交通,使"千里海路一日还"成为现实。渤海通道建成时,将同时建成"桥隧博物馆",使飞跃天堑的桥隧与两岸的"蓬莱仙境"和大连避暑胜地交相辉映,成为海上乐园。

161. 大陆与台湾之间的第一座跨海大桥将建在哪里?

由于历史的原因,祖国大陆与宝岛台湾之间的通航一直都非常困难,虽然现在已有客轮可以直达台湾,但其数量极少,远远无法满足两岸人民相互来往的要求。咫尺之遥,如果能修建一座大陆到金门岛之间的跨海大桥,那该多好呀!在海峡两岸要求"三通"(即通商、通航、通邮)呼声日高的形势下,台湾大学教授杨水斌提出了在金门与厦门间建造"和平大桥"的设想。据悉,台湾方面目前正在考虑这一计划。

那么,修建这样的跨海大桥,从工程角度上来看,可能性有多大呢?综观台湾海峡,它位于我国东南部台湾省与福建省之间,是我国最大的海峡。台湾海峡呈东北—西南走向,全长500多千米,平均宽度为150多千米。海底地势是南高北低,从东西两侧向中部平缓倾斜,大部分海底地形平坦开阔。台湾岛一侧的浅滩是海峡中最浅的浅滩地形。海峡的平均水深为60米,南部最浅,水深在10米至15米之间,中部最大水深为100米。而金门岛位于福建省南部沿海,与厦门隔海相望。金门岛分大金门岛和小金门岛,大金门岛面积为120平方千米,东西长20千米,中部最窄处仅为3.5千米。小金门岛面积10多平方千米,东距大金门岛2000米,西距厦门2000多米。所以,修建"和平大桥"从工程上来看,不会有太大的困难。

162. 什么是海上人工岛?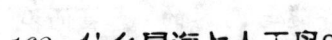

人工岛是人类出于各种目的,在海上建成的陆地化工作和生活空间,是人类利用海洋空间资源的一种形式。如果作为进行海上作业或其他用途的场所,海上人工岛大多有栈桥或海底隧道与岸相连。人工岛种类繁多,如工业生产中的各种海洋油气田开采平台,交通运输场所的海上机场、港口、隧道等。

现代工业发达的沿海国家,滨海一带人口密集、城市拥挤,使得进一步发展和建设新企业及公用设施受到很大限制,原有城市本身的居住、交通、噪音、水与空气污染等问题也很难解决。因此,兴建海上人工岛,可以改变或改善上述状况。20世纪60年代以来,日本建造的人工岛最多,规模也最大,美国、荷兰等国也很重视人工岛的建设。

目前,世界上已有数十个海上人工岛,它们是为海洋开发、海上居住、海上旅游、建设人工港等各种需要而建的,一般分为固定式和浮动式两大类。根据建造方法有填海式、桩基式和浮动式。若根据用途分类,又有海上城市和海上工厂,以及海上采油、海上旅游、海防基地之分。

163. 怎样建造海上人工岛?

人工岛建造方式上可以分为拓地型和填充型等,它的建筑材料大多为土石沙砾,也可以用工业原材料。传统的施工方法有排水造地法、填筑法等。通过建造人工岛,可以取得颇为可观的陆地面积。众所周知,日本是个陆地狭小的国家,在第二次世界大战后几十年里,所造的陆地面积达200平方千米,相当于26个香港岛的面积。其中比较著名的神户人工岛是建在神户市以南3海里、水深12米的海面上,填海材料用的是神户市西部的两座山。

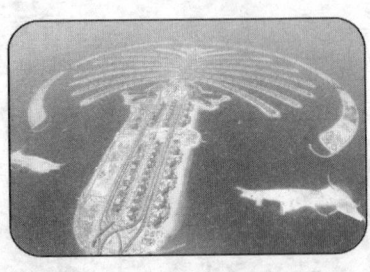

迪拜海上人工岛

20世纪90年代以来,科学家们开始摒弃以前采用的填海造地建岛的方法,采用大的软着陆构造和浮体构造来建造人工岛,以便在海上创造出新的多功能海洋空间。如日本日建设计公司的软着陆构造人工岛规划中,计划利用圆筒形平衡罐,从而使人工岛始终保持稳定性。另外,日本清水建设公司提出了一项利用吊桥原理建造浮体式人工岛的新设想。

164. 浮体式人工岛具有什么优点?

为了避免填海式人工岛对周围海域造成污染,日本大成建设株式会社开发了在大水深海域单点系留浮体式人工岛。该人工岛采用预应力混凝土建造,是一种形状像海鸥,拥有两只巨大双翼的浮体构造物。长320米,两翼宽560米,高度为30米,总建筑面积为17.13万平方米。它被锚于水深约100米的海域,全岛只有一处用悬链和陆地连接,无论风向、潮流、波浪方向如何变化,这个浮动的大海鸥似的人工岛将整体随波逐流,随风向、潮流、波浪而改变方向,绝不会逆流而动。岛上设有波浪能发电装置,海水淡化、污水和废弃物处理设施,船舶停靠装卸码头,直升飞机场,以及旅馆、餐馆等各种娱乐设施,水产加工厂、冷库等综合加工设施,防摇控制装置。在该浮体式人工岛的上面,还设有贝类养殖用的养鱼槽,也可作为海洋牧场利用。除此之外,它还可以作为监测海洋环境的据点——海洋研究设施。真可谓是一举多得,一岛多用了。

165. 我国第一座海上人工岛在哪里?

与国外发达海洋国家相比,我国海上人工岛的建设还处在刚刚起步阶段。在河北省黄骅市歧口镇张巨河村南距海岸4125米外的渤海海面上,坐落着我国第一座人工岛——张巨河人工岛。它也是我国极浅海域第一个采油人工岛。该人工岛具有勘探、开发、海上救助和通信等多种功能。它的直径为60米,可以布设50多口油井。

大港油田张巨河人工岛于1992年5月22日定位成功。它采用的是单环双壁网架钢板结构,内径60米,防浪墙高7.5米,总重量达700吨,主要用于2.5米以下水深、工作条件恶劣的极浅海域的石油勘探和开发。

该人工岛的建成对我国极浅海域的油气勘探开发和海洋水文观测具有重大意义。

166. 飞机场为什么要建在海上?

飞机场占地面积大,飞机起降噪音大,废气多。为了节约土地,防止噪音,减少大气污染,节省成本,许多沿海国家又打起了大海的主意,利用海上优势把飞机场建到海上去。在海上建空港，可以让飞机在远离城市的海上起降，也十分安全。海上机场和陆地上的机场一样，也有漂亮的候机厅和宽阔的跑道。

海上机场的建设是现代海洋空间利用的新工程技术之一。目前，世界上已经建成的各种类型的海上机场有10多个，正在计划筹建的有40多个。海上机场的建造方式有填海式、浮体式、围海式和栈桥式四种类型。

海上机场

桥式四种类型。美国的夏威夷机场、斯里兰卡的科伦坡机场、新加坡的樟宜机场、日本的长崎机场，都是用填海的办法建造起来的海上空港。上海的浦东国际机场，一部分也是填海建造起来的。

美国纽约的拉瓜迪亚机场，是一种海上栈道机场，它用人工打桩的方法建设而成。建设者在13米深的海中打了3000多根桩柱，才把机场建成。这种办法不用填海造地，所以造价比较低。

167. 世界上最早的海上机场是哪一个？

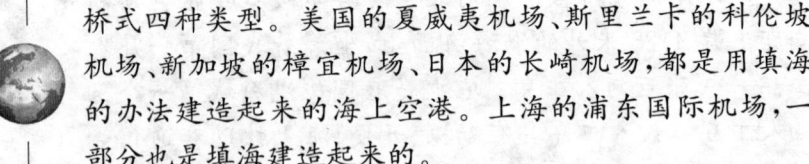

虽然建造海上机场的想法由来已久，但限于科学技术及社会生产力的不发达，直到20世纪70年代，这个梦想才得以实现。1975年，日本采用填海方式建成的长崎海上机场就是世界上最早的海上机场。该机场长3000米，占地面积20000平方米，共填土石2470万立方米。与的13家建筑公司已经联合承包了这项宏伟的工程。

建筑蓝图上的"海洋通信城市"独具风采:它是高出水面80米,面积为5000平方米的悬浮式垂直型海上城市,由间距50米的1万根经过计算机准确测算的钢柱支撑着。钢柱直钻入海床,柱顶连接着像水桶一样的巨大浮体,承担着海洋通信城市的重量。钢柱上设有感应器,随着海水压力的变化,控制进入水桶内的海水量,并利用海水的浮力承受城市的重量。因为可以利用海水浮力承担海洋通信城市的重量,从理论上讲,海洋通信城市可以修建得很高,它的每根钢柱的高度可以接近巴黎艾菲尔铁塔。整座海上大都市共有四层建筑物,各个层次都有各自的专用性能。底层用于城市公共服务事业,设有机关、贸易中心、水电及能源供应系统和废品处理设施。第二层是工业区,设有工厂、海洋科研及各种尖端的企业团体。第三层是住宅区,其中40%的面积为道路和停车场,20%用于建旅馆、酒店、商场、医院和学校等,40%是私人住宅楼房。顶层有供未来超高速飞机起降设备的国际机场和两条600米长的飞机跑道,一个体育中心,包括2个棒球馆和室内游泳池,8个高尔夫球场,400个网球场。还有一片人工田园,可种植瓜果蔬菜。最精彩的是城头设有多种卫星地面接收站和卫星通信系统,既可以为25000个海上城市和日本本土做出2小时一次和24小时、48小时及一周的天气预报,又能与世界各地进行卫星通讯,并由此定名为"海洋通信城市"。

海洋通信城市将是世界上最庞大的钢架结构建筑,大约需要消耗1亿吨钢材,相当于20世纪90年代初期日本25年钢铁生产量的总和。

173. 未来海上摩天大厦将有多高？

实力雄厚的日本大林集团正在集资建造一座海上摩天大楼——云霄都市2001。

"云霄都市2001"的城址已落实在东京湾内侧千叶县浦安外海约10千米处的海上，预计在3年至5年内完成前期工程，然后再用15年至20年的时间建成大楼，乐观的估计为2020年投入使用。这既是一座城市，也是一座海上大厦，要比美国"西尔斯大厦"（高442米）还要高出3.5倍，即楼顶到海平面的高度为2001米。大厦总建筑面积为1100万平方米，分500个层次，25个大单元，可供14万人长期定居，30万人就业。大厦内设住宅、购物中心、学校、医院、娱乐场所等设施，还有办公机关及企业部门。由于它与内陆隔离，能源自给自足。楼内可搭乘大型高速电梯上下，一次可搭乘100人，从楼底到楼顶只需15分钟。整座大楼耗资将高达3260亿美元。

如果这项耗费3000多亿美元的巨大海洋工程一旦变成为现实，相信它将是目前世界上最伟大、最辉煌的海上建筑，它甚至完全可以与美国载人登月的成就相媲美，堪称"21世纪的建筑技术奇迹"。

174. 美国的海上城市建设取得了哪些成就？

在日本积极开发海洋、建造海上城市的同时，美国科学家也在忙得不亦乐乎，他们在海上城市建设方面也取得了较为显著的成绩。他们建设了3.72平方千米的纽约伊丽莎白港，在纽约、迈阿密、檀香山等临近海域扩建了数百平方千米的新城区。近几年来,美国专家又提出了建造金字塔形海上城市的新设想。这种城市采用太阳能发电,在金字塔的两边是产生电流的太阳仓,而金字塔里面有学校、商店、游乐场所和住宅,还有工厂和小型机场。

日本和美国在海洋开发和利用方面领先于世界其他各国。

175. 世界上最小的"海岛王国"是怎样建成的?

在伦敦北面 60 英里(1 英里=1.6093 千米)的北海海面上,有一个长 140 英尺(1 英尺=0.3048 米),宽 40 英尺的平台,这个平台原来是英国在第二次世界大战期间用来对付德国潜艇的要塞。战后,英国政府认为这个平台已失去利用价值,为了节省开支,就撤出了那里的驻军,并宣布放弃该地。从此以后,这块平台就成为一块无人问津的"荒地"了。

这块平台被废弃了 22 年,早已为一般人所忘记。可是到了 1967 年,英国曼彻斯特城的一位百万富翁罗伊·贝茨和他的妻子琼、儿子迈克尔驾驶一条游艇突然登上了该平台,并宣布该地归他所有。英国政府大为震怒,立即宣布贝茨这个举动是非法的,并将他告到了法庭。这场官司拖了好几年,最后出人意料的是英国政府败诉了。法庭认为,既然英国政府已经放弃了它对这块平台的法律权力,那么它的主权就将属于首先登上该"岛"的人。

接着,贝茨就在平台上建造了一幢豪华的别墅作为他的"海上行宫"。事隔不久,他又异想天开地宣布他要在平台上建立一个新的"君主国",并称自己是这个"海岛国"的"国王"——贝茨一世,他的妻子为"王后",儿子为"王太子",他的一些亲属和仆人也纷纷当上了"大臣"和"宫廷侍卫官"等。第二年,"贝茨一世"就在平台上大兴土木,建造了3家赌场,几家旅馆、饭店以及一个模仿洛杉矶迪斯尼乐园的游乐场和一个金银市场。此外,他还建造了一座微型白金汉宫。他的设计巧妙而奇特,几乎用尽了这块平台上的每一寸土地。这个小小的"海岛国"还发行了自己的货币和邮票,并拥有一架直升机和一名军事人员。"海岛国"还设置了"旅游部",旅游部大臣由国王兼任。

自从20世纪80年代初期英国开发北海海底油田后,这个"海岛国"便成了旅游热点,许多到英国的旅游者都要在这里停留一下,看看这个世界上最小的"海岛王国"。

176. 世界上第一座海上移动人工岛是什么样的?

世界上第一座海上移动式人工岛是日本建造的北冰洋石油采掘装置,这是在严寒地带开采海底石油的一个壮举。这个石油采掘装置的构造采用的是夹层结构钢铁—混凝土—钢铁,这在世界上尚属首例。采用夹层结构的目的,是为了使坚固的混凝土船体,抵挡结冰所造成的压力,不使冰压坏船体。船体内部是直径为3米的混凝土管,排成蜂窝状,以增加船体的抗侧压强度。船体的外壁用的混凝土是适用寒冷地带的特种混凝土,里面充满了具有压缩应力的钢材。甲板和船体采用了低温材料,这种钢在低温条件下不易被折损。

177. 什么是海洋平台?

海上平台是一种岛状空间结构物,具有一个高出海面的水平台面,是一种供人们进行海上油气生产作业或其他活动用的海上工程设施。按其结构特点和工作状态分为固定式和浮式两大类。固定式平台在整个使用寿命期内位置固定不变,其形式有桩式、绷绳式和重力式等。浮式平台是一种大型浮体,有的可以迁移,有的不迁移。建海上平台,除采用先进技术、选择高效小型设备以尽量压缩平台面积之外,还要对影响生产作业的各种因素进行充分的研究。一旦设计不合理,平台就很容易被摧毁,造成巨大损失,世界上很多国家都发生过石油平台由于台风、浮冰等原因而倒塌的事情。

海洋平台

随着人口的膨胀和陆上资源的减少,人类正加大海洋油气资源的开发,各国已在海洋中修建了大批海洋平台。据统计,目前世界大陆架范围内,共有6000多座平台在工作。自从20世纪30年代以来,美国为了开采由陆地延伸入墨西哥湾的油田,在防波堤外的浅海区修建了一座木质结构平台以后,世界海洋平台蓬勃发展,由小型向大型发展,由木质结构向钢结构发展,由浅海向深海发展,当前最深的平台已经工作在深达千米的深海中了。

随着海洋科学的发展,更多更先进的海上平台将会出现在世界的各个海域,为人类开采海底石油、天然气作出卓越贡献。

178. 海洋平台的种类有哪些?

海洋平台的类型很多,真可谓是种类繁多,五花八门。为了适应不同的需要,科学家们设计了各种各样的海洋平台。如按照海洋平台的用途,可以分为钻井平台(用来在生产点钻掘油井)、生产平台(进行采油工作,上面配置安全装置、减压装置以及各种测量装置)、生活平台(供人员居住,同作业区分开以提高生活条件和安全度)、装油平台(供运油传播停靠)以及

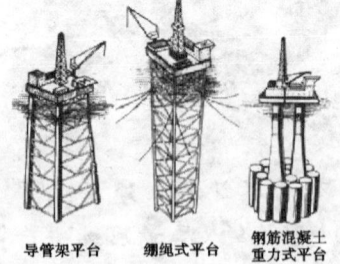

导管架平台　绷绳式平台　钢筋混凝土重力式平台

固定式平台

烽火平台(用于燃烧天然气)等。根据海洋平台能否移动,可以分成固定式平台和活动式平台两大类。又据其结构形式的不同,固定式平台有重力式固定平台、桩式固定平台、柔性固定平台等;活动式平台有自升式平台和半潜式平台之分。当然,根据这些平台的具体结构形式,还可以再细分下去。不同的平台有不同的特点,因此,也就适合于不同的环境条件,具有不同的用途。例如重力式固定平台一般适用于较浅的海域,而柔性平台则可用于数百米的深水区域。

179. 海上石油钻井平台有哪几种类型？

海上石油钻井装置分固定式和活动式两种类型。固定式钻井装置是发展最早的钻井和采油装置，它既可以用于钻井，又可用于石油生产。它有钢导管架桩基平台、钢筋混凝土重力平台、张力腿平台和绷绳塔平台等。活动式钻井装置具有独特的优点，它既能保证钻井时的平稳性，又具有易移动和能适应各种水深的特点。它一般有座底式平台、自升式平台、半潜式平台和钻井船等。而其浮式生产平台，有半潜式和油轮式平台两种。

目前，世界海洋钻井多采用活动式钻井装置。这类钻井装置既能保证钻井时的平稳性，又具有容易移动

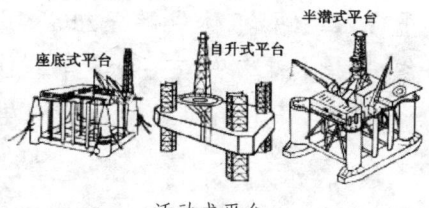

活动式平台

和适应各种水深的优点。据统计，到 1997 年底，世界上固定式和活动式钻井平台达到了 7384 座，仅 1997 年就安装了 275 座。

180. 用钻井平台开采石油开始于什么时候？

海上石油和天然气的开发，经历了由沿岸、近海向深海域发展的过程。最初，人们把钻井设备安装在海岸边，从陆上向海里打斜井开采海底油气，后来，又在海边建造木质结构的栈桥，或在浅海区建造人工岛，用于安放钻井设备进行钻探。第二次世界大战之后，随着海岸工程技术的发展，在近海出现了各种采油平台。1947 年，美国在墨西哥湾建造了第一座远离海岸的钢导管架固定式采油

平台,并钻出第一口商业性石油井,它标志着海洋石油开发进入了一个新阶段。据统计,到1997年底,世界海洋油田主要有2648座,其中北海311座,西非近海201座,东南亚近海202座,北美近海1482座。目前,世界上已有45个国家的100多家石油公司在海上开采石油和天然气,其采用的主要技术设备有固定式生产平台、浮式采油生产系统、海底采油装置等。

181. 半潜式钻井平台有什么特点?

半潜式钻井平台又称为立柱稳定式钻井平台。它由平台、立柱和下体或浮箱组成。平台上设有钻井机械设备、器材和生活舱室,供钻井工作用;下体或浮箱提供浮力,沉没水下以减小波浪的扰动力。平台与下体连接的立柱,具有流线面的剖面。半潜式钻井平台的类型极多,按下体的形状分,有沉垫型和下船身型。前者是具有各个方向阻力相等的优点,后者具有移动时阻力小的优点。这两种平台都用下部的"浮室"通过立柱支撑整个平台。一般在30米至300米水深作业时,采用常规的锚泊定位系统;在600米深水海域作业时,采用动力定位系统。近年发展的新型双功能半潜式平台,能在2000米水深的海域进行钻探和生产作业,使钻探和采油集中在同一平台上。

半潜式钻井平台

182. 采油平台能够安装在海底吗？

随着自动控制技术和深潜技术的发展,近年出现了新型采油技术——海底采油平台装置。它是把整个采油装置、油气分离装置和储油系统都安装于水下,组成海底采油系统。这种采油系统是1960年由美国研制成功的。它通过采油装置和许多汇集油气的管道把海底多口生产井采出来的石油集中到海底储油罐或采油平台中。开采操作则由在船上或陆上的遥控装置进行控制。由于这种采油系统可以避免风浪对油气生产作业的影响,而且建造

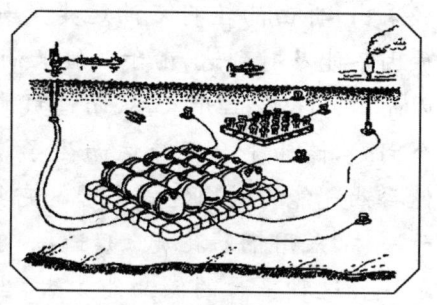

海底采油平台

成本低、建成时间短,很适用于开采深海油气田和边际油气田,所以很有发展前途。目前,海底油气生产系统已能在300米水深作业,正在开发研制400米至752米,甚至1000米水深的海底采油平台。

183. 怎样建造水下油库？

水下油库,是一种呈"倒漏斗型"的海上储油罐。这种储油罐设在海底,它的底部坐落在海底基础上,漏斗的出口伸出海面,并配有泵站和输油设施的工作平台。油罐的壳体为非耐压结构,随时充满石油或海水,用以保持罐内外的压力平衡。在波斯湾油田多采用这种油罐,储油量约8万立方米。也有呈长方形或圆柱形的储油罐,

它的底部也坐落在海底基础上,上部高出水面,四周筑有防波堤。这类储油罐已在北海油田使用,每只容量可达16万立方米。另外,还有球形、环形等型式的海底储油罐。

184. 什么是储油平台?

一般的海底石油开采都是先由采油平台将石油从海底采出,再由油轮将石油运走。如果油轮因天气或其他原因不能及时到达,由于一般采油平台的储油能力有限,因而不得不停止开采,从而造成资源的浪费。为解决这个问题,储油平台便应运而生了。储油平台是一种具有储存油气能力的固定式平台。它集水下油库和采油平台于一体,采用钢筋混凝土建造,一般适用于深水和隐蔽的水域。这种平台的储油能力大,当装油船不能及时到达现场时,油井可以继续采油,以保持油井不间断地生产。

185. 为什么说巨浪是石油平台事故的罪魁祸首?

巨浪是海上的大力士,它能摧毁海上建筑物,掀翻船只,冲毁堤岸,是海上的一大猛兽。它也是海上平台的致命杀手。近十几年来,因狂风巨浪使平台翻沉的事故屡有发生,平均每年有一两座,最多的一年曾有8座平台遭巨浪打翻。伤亡人数最多的一次海难,是1980年3月27日夜晚,位于墨西哥湾的"基兰号"石油平台被波涛吞没,遇难者有120多人。1982年11月3日,美国"海浪峰号"平台在泰国湾也被巨浪击沉,84人丧生。在我国海区,自1979年以来,已有两座石油平台因巨浪袭击分别沉没于渤海和南海。1979年11月,我国"渤海2号"平台在渤海航渡过程中,被巨浪掀翻,死亡72人,仅2人生还;另一次是美国"爪哇海号"平台在南海莺歌海作业时,遇到1983年第16号强台风袭击,被海面8.5米高的狂浪击沉。全球因巨浪沉没的平台已超过60座。

即将倒塌的海洋石油平台

当然,巨浪不是石油平台的唯一杀手,能够致石油平台于死地的还有海冰。

186. 海冰对石油平台有什么危害?

提到海冰,大家一定不会忘记"泰坦尼克"沉没时那悲惨的一幕,1500余人在瞬间坠入大西洋。其实,冰山不仅仅对航行的船只有危害,它对类似于海洋石油平台这样的固定海洋建筑物危害更大。

1969年,我国渤海发生了20世纪最严重的一次冰封,整个渤海海面"顿失滔滔",几乎完全被海冰覆盖。从2月上旬到3月中旬,持续了约50天之久,时间之长,历史罕见。那次冰封冰层很厚而且冰质坚硬,破坏力极大,冰层厚度一般在20厘米至30厘米之间,最厚的达60厘米。渤海大冰封,造成了我国有记载以来最严重的一次海冰灾害。海冰把塘沽港航道上所有的浮鼓灯标破坏殆尽,并割断了"海一井"石油平台桩柱的钢管拉筋,摧毁了"海二井"石油平台。"海二井"石油平台长41米,打入海底28米,由15根2.2厘米厚的锰钢板卷成的直径0.85

米的圆筒桩柱建成；能将这样庞大的建筑物摧毁，可见海冰有多大的力气！

海冰的破坏力究竟有多大呢？一块6千米见方，厚1.5米的大冰块，在流速一般的情况下，它的推力可达40兆牛顿，足以推倒石油平台等海上建筑。难怪在渤海大冰封期间有那么多的船只和平台毁于一旦。

187."基兰号"石油钻井平台是怎样被摧毁的？

1980年3月27日黄昏，速度为130千米/小时的飓风（相当于12级风力），掠过大西洋的北海，掀起6米多高的巨浪。耸立在这里的挪威菲力普斯公司"亚历山大·基兰号"石油钻井平台，突然发出一声巨响，支撑平台的一根钢柱被折断。这座海上的庞然大物立即倾斜，仅在20分钟后，便永远沉入了万顷波涛之中。

这次事故造成100多人死亡和失踪，经济损失近3亿法郎，是挪威近代发生的最大悲剧之一。这个被称为"海上旅馆"的半潜式海中平台，长约100米，高出水面约45米，重约100万吨。内设100多个房间，可居住500人，有专门供海上采油人员休息、娱乐和就餐的地方。平台由5根粗壮的钢柱支撑，结构稳固，能抗30米高的海浪袭击。事故发生后，经过多方面的专家勘察分析，认为罪魁祸首就是巨浪。汹涌的海浪把停靠在那里的一艘小船不断地抛起摔下，正巧撞断了连接平台与钢柱的钢缆，然后又将支撑平台的一根钢柱折断，平台因此失去平衡发生倾斜，最后翻沉入海中。

188. 我国海上油气开发工程技术的进展情况如何?

我国海上石油和天然气的勘探开发工作,是从1959年在渤海进行石油物探开始的,1963年在南海钻了第一口石油钻井,到1993年底,仅就中国海洋石油总公司的统计,总共完成勘察工作量53.7万平方千米,钻预探井234口,评价井104口,钻井总深度73.8万米,钻探3200多个地质构造,发现了78座大油气田。

目前,我国采取对外合作与自营相结合的方针,使海洋油气勘探开发技术从无到有,现已基本成熟配套。截止到1993年底,海洋石油总公司共有可移动的钻井平台12艘、物探船9艘、三用工作船(供应船)35艘、各种工程船27艘。

在我国海上已发现的油气田中,经过评价研究,目前已有17座油气田建成投产。1996年,原油产量1690万吨以上,天然气的产量达到26.9亿立方米。

目前,我国海洋油气开发技术已基本具备了国际上20世纪80年代的技术水平。迄今,我国已与16个国家和地区的60多家公司建立了多层次、多形式的合作关系。通过引进、消化、吸收国外先进技术,积极发展我国海洋油气高技术及其产业。我国海洋油气工业在国民经济中的贡献也越来越大,它所具备的高科技含量正在逐步接近或已达到国际水平。

189. 你知道我国海上油气勘探"历史上的第一"有哪些吗?

1959年中国第一次进行沿海油气勘探;1964年中国第一口石油钻井在南海开钻;中国第一座桩基式海上钻井1号平台于1966年12月15日在渤海建成;"渤海1号"是我国建造的第一座自行式钻井平台,自1972年9月开始在渤海进行钻探以来,20多年来已钻了30多口井;"勘探1号"是1974年我国改装的一艘双体式钻井船;"胜利1号"是我国建造的第一座浅海坐底式钻井船,长56.6米、宽24米,空载排水量1188吨;"勘探3号"是我国第一座半潜式钻井平台,1986年6月建成,可在黄海、东海、南海200米水深的海域作业;我国第一个海上气田——锦州20-2凝析气田,于1992年8月10日建成投产;中国第一个按国际标准和规范进行设计建造的海上现代化油田——埕北油田于1985年9月2日投入试生产,10月1日正式投入商业性开采,目前年产量可达40万吨至56万吨;我国于1988年9月建成世界上第一座极浅海"两栖"钻井平台"胜利2号",这座平台长72.24米、宽43.14米、高59.80米,自持能力20天;中国第一艘浅海移动式采油平台于1992年建成投产。

190. 世界上第一座极浅海"两栖"钻井平台有什么特点?

你见过能"走路"的钻井平台吗?它就是我国独创的"自行式"钻井平台——"胜利2号",它一昼夜可自行移动1000多米。该平台长72.24米、宽43.14米、高59.80米,自持能力20天,是一座既能在极浅海或潮汐带"步行",又能在深水中拖航的两栖钻井平台。它主要用于水深6.8米以内的浅海或极浅海区域钻探开发,有拖航、步行、沉浮和坐底作业功能。当作业在水深2米以内的极浅海区,它能像人用双腿走路那样,以步幅10米的距离前进或后退。为达到在极浅海步行的目的,它有独特的内外两个船体结构,外体包围着内体,内外体纵向间隙为10米(即为步行的步长),采用一整套庞大而精确的驱动系统,使内外体互相牵引,交替举起或着地,完成整座平台的移动。

它的诞生结束了世界海上钻井平台架仅靠拆卸搬迁的历史,标志着中国极浅海勘探设施水平已居世界领先地位。这种新型钻井平台具有拆装简便、海上作业危险

性小、搬移钻探目标迅速等优点,在我国目前已应用于渤海湾极浅海的石油勘探作业中。

191. 世界上最高的海上钻探装置有多高?

1988年,康采恩石油公司在墨西哥湾新奥尔良西南240千米处,安装了世界上最高的海上钻孔勘探装置。这套装置水面以上高度达492米,水下部分达411米,共达903米,为世界上海上钻探装置之最。而世界最大的海洋

钻井平台要属挪威"巨人"气田的采气平台,它净重67.85万吨,总高度为472米,由4根插进海底369米的钢筋水泥柱组成。这座巨型采气平台能够在303米深的海底采天然气,这在世界上尚属首次。

192. 世界上海上油气勘探开发最大水深是多少?

在钻井水深方面,国际上把水深超过183米的钻井都看做深水钻井。自1965年美国埃克森石油公司在南加利福尼亚近海用"卡斯1号"钻井装置钻出水深193米的世界第一口深水井之后,深水钻井数量不断增加,水深也不断加大。当今海上油气勘探开发最大水深已达到了872米,并向着1000米水深推进;钻进海底的深度普遍超过3000米。因此,固定式或半潜式钻井已难以适应深水区的作业了。于是人们想方设法简化复杂的海上操作,降低成本和保证作业安全。目前,美国、英国、挪威、巴西等国家已出现少量轻型的自动化海上钻井平台,它可用压臂将15米长的钻管从平放的管架上竖起来,自动插入井眼中,由一只自动扳手将管段连接在一起向井下钻进。这种自动化钻井平台比一般钻井平台轻一半多,只有500吨,作业人员从20人减到8人,可钻进6000米,每一座自动化钻井平台可节约1200万美元。

193. 第一座完全由机器人操作的采气平台由哪国建造?

在科技飞速发展的今天,机器人已应用到了人们生产生活的各个领域。世界上第一座完全由机器人操作的无人采气平台——"机器人之岛"坐落于西欧北海距挪威海岸190多千米的弗瑞格天然气田里,它由插到海水中的高 120 米、直径 8 米的巨型圆柱构成,柱顶两层为自动控制室和直升机起降平台。由于柱底安装有万向节,这个庞然大物仍能随着风浪自由转动。这种新式的平台优点很多。首先它节约了几十个人力,当然也就无需运送生活物资了。另外,这种无人采气平台的造价比修建一座钢桩平台少大约 7 亿法郎。如平台机械发生故障或机器人偶感"伤寒",岸上监控台获悉后就会派技术人员前去救急,非常方便。

194. 未来海底采油将采用什么方式进行?

　　随着世界石油工业的发展,如今海上油气勘探开发最大水深已达 872 米,并向着 1000 米水深推进。但是,随着钻探深度的加大,困难将越来越大,耗资也将越来越多。因为目前的钻探设备必须在海面操作,如果能把钻探设备安置在海底,使钻机在那儿操作,工程就会简单得多。

　　近年来,人们正在设计一种将油气钻探设备从海面移到海底作业的钻探采油系统。目前海底钻探技术尚处于设想之中,但海底采油系统已在西欧北海油田取得成功。它把生产井口装置安装在水深 300 米的海底进行采油,通过海底管道集输油气,安装和检修工作由潜水员或机器人作业。最近人们正在设计建造一种可在 670 米的深海底用的采油系统,配有遥控潜水器和水下机器人作业。预计到 21 世纪海底采油系统可以获得普遍应用。

　　这种采油方式,早在 20 世纪初期就曾经有人做过尝试。以建造水下住房而闻名于世的库斯托曾用自己的

"卡利普索号"装载类似石油勘探者在地面使用的器具潜入海底,供潜水员在海底寻找石油。

195. 海洋工程在海水养殖中起到什么作用?

海水养殖技术,通常指在浅海、滩涂的某一限定水域,用人工孵化、饲养和管理,把可供食用的水产生物如鱼、虾、贝、藻类培养成熟。传统的海水养殖技术历史悠久,但都是粗养技术,工业规模的海水养殖还是不久前的事。目前,世界上许多国家都在不同程度地从事鱼、虾、贝、藻类的养殖,并形成了一定规模的工厂化、自动化系统;养殖的品种也由几种发展到上百种。我国是海水养殖大国,1995年的海水养殖总产量为4120万吨,占世界海水养殖总产量的51.5%,居世界首位。

海水养殖是系统工程,它包括水产土木工程和渔业工程两方面。前者由海洋渔场环境改造、苗种和养殖、围栏工程、过鱼工程等组成。后者由工业化养鱼系统、网箱和浮式养殖组合体、新能源利用设备、人工利用上升流的装备组成。

196. 海洋农牧化工程技术包括哪些内容?

海洋农牧化包括海洋生物的农业式养殖和放牧式增殖两大方面。它是一种高投入、高产出的人工生态经济系统和海洋生物资源开发相结合的工程技术,由目标生物的资源生产控制管理技术、目标渔场的环境控制技术、资源生产的支持技术等三大类系统技术组成。它与机电一体技术、新材料技术、环境工程技术、信息技术等高新技术息息相关。通过这些高新技术的开发和应用,将促进海洋中天然饵料生物的生长和发育,提高苗种培育、生产和管理技术,达到科学合理地捕捞海洋生物资源的目的。目前,海洋农牧化工程技术受到许多国家的重视,发

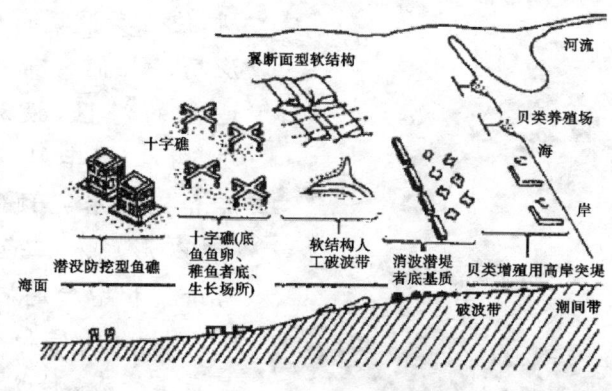

海洋农牧化工程

展很快。例如,日本实施了1978—1987年海洋农牧化工程,重点发展了"栽培渔业",基本实现苗种企业化生产,每年增养殖产量超过130万吨。美国拟在太平洋和大西洋沿岸水域分别建立一个面积为4万平方米的"海洋农场",并计划在最近5~6年内投资19亿美元,在海上建立面积达400万平方米的大型"海洋农场"。

世界第一个海洋牧场是日本的黑潮牧场,牧场是由水面鱼礁、给饵浮标和水下暗礁三部分组成的。水面鱼礁用以吸引鱼群闻声而至,给饵浮标提供鱼饵,水下暗礁为鱼群提供栖息生养之处。仅这一个牧场在渔季可收入15万美元。

197. 什么是人工鱼礁?

所谓鱼礁就是指适合鱼类群集栖息、生长繁殖的海

底礁石或其他隆起物。其周围海流将海底的有机物和近海底的营养盐类带到海水中上层,促进各种饵料生物大量繁殖生长,为鱼类提供良好的栖息环境和索饵环境场

所,使鱼类聚集而形成渔场。人们常常选择适宜的海区,投放石块、树木、废车船、废轮胎和钢筋水泥预制块等,以形成人工鱼礁,可诱集和增加定栖性、洄游性的底层和中上层鱼类资源,形成相对稳定的人工鱼礁渔场。它是保护和增殖近海渔业资源的一项有效的技术措施。说到这儿,你知道什么是人工鱼礁了吧,其实,它的功能就有点类似于人们所搭的人工鸟窝,想想看,是不是一个道理呢?

198. 建设人工鱼礁有什么意义?

从20世纪60年代初,美国的鱼类学家对鱼礁的效果作了认真研究,发现鱼礁周围的渔获量比附近天然鱼礁周围的渔获量要高2～3倍。有人在一个普通大小的鱼礁群观察到被诱集的鱼种类达120种之多;夏威夷瓦胡岛近海的混凝土鱼礁,在不到一年的时间里,渔获量竟增加了19倍。从1960年到1963年,人们调查了莫那尔湾的100辆废车鱼礁,结果表明:投放废车前,每100平方米水域只分布着0.3千克鱼,投放废车后,剧增到每100

平方米 14 千克,增长 42 倍。

日本沿海的鱼礁集鱼效果也很明显。日本山形县 1975 年建造了 2 座双层伞形人工海藻浮鱼礁,材料成本分别为 13 万日元和 23 万日元,而当年在该海区的捕捞价值分别为 118.7 万日元和 137.2 万日元。在东京湾口设置了专门诱集真鲷的鱼礁后,每年可捕到 30 万至 40 万吨真鲷。

我国于 1979 年在广西北部湾试投人工鱼礁树,投放 4 个月后试捕,鱼礁水域渔获量高于对照海区 1.6 倍,建造费 3000 多元人民币,4 个月的渔获价值已达 8752 元人民币。

由此可见,鱼礁无论是对捕捞,还是对保护资源,都是很有意义的。特别是随着 200 海里专属经济区时代的到来,发展鱼礁事业以改善和扩大渔场是许多渔业国的当务之急。另外从长远的观点看,鱼礁的建设对恢复和发展渔业资源也是行之有效的。

199. 人工鱼礁怎样建设?

人工鱼礁是经人工摹仿自然又高于自然的人为工程,是对珊瑚礁场、礁群渔场的模仿和完善,并创造出超过天然系统的高产效应,是人工仿造的高产渔场。人工鱼礁多种多样,依形状而论,有正方形、五角形、八角形和多种形状的组合形等。单体鱼礁高度达 5 米～7 米,空间容积为 130 立方米至 225 立方米,重量达 22 吨至 24 吨;多种形状的组合鱼礁,最大高度为 10.5 米,空间容积为 423 立方米,重量达 68.25 吨。依在海中所处位置分类,又分为沉鱼礁和浮鱼礁两大类。建礁水深一般为3米~40米。日本的人工礁最深已达60米。

因为人工鱼礁的设置是一项永久性的基本建设,所以它的设计和构件要求既合理又标准。既要符合捕捞对象、诱集对象的生活习性又要符合人工建筑物的原理,且构件要求标准化、系列化,以便使人工鱼礁的建设施工容易、组装方便。日本自1958年研制成功组合式大型鱼礁以来,现有70多家厂商生产多种材料和多种结构、型号的鱼礁。1989年,日本研制成功了一种新型人工浮动鱼礁,它装有光纤水下照明装置,用于诱集鱼群;装有各种声呐,用于监测鱼群活动;还有测量海水温度、盐度、海浪、风等的仪器和设备,并能随时把信息传输到岸上。目前,日本沿海新建人工鱼礁的总面积达3000平方米,还计划用10~15年的时间,在沿海建成5000千米长的人工鱼礁带,使日本海洋水产品产量达到年产750万吨。

潜水员正在搭建人工鱼礁

200. 海上工厂具有哪些优点?

在海洋开发进程中,为了充分利用海洋空间资源、有效发挥工厂作用、切实扩大社会经济效益、减免环境污染,而把生产设备装在海上浮动的设施上,通常称它为海上工厂。这类工厂与陆上工厂相比较,具有工厂主体小、不占陆地面积、就地加工原料、建造管理方便、造价低于陆上10%～30%等优点,因而近年有了较大的发展。

201. 世界上已经建成的海上工厂有哪些?

在海上工厂的建设方面,日本和美国已走在了世界前头。日本在东京湾离岸7000米、水深10米海域建造了人工岛钢铁基地,这个人工岛抗震能力为8度,使用面积510万平方米,建有7个炼铁炉、3个钢厂、2个制板厂,年产600万吨钢材。在巴西的亚马逊河口,日本还建造了发电厂和纸浆厂,它们分别建在长220米、宽45米、高14.5米,以及长230米、宽45米、高14.5米的大型驳船上,发电厂输出功率为55000千瓦,纸浆厂日产750吨纸浆。近年,日本又建成了一种耗能低、经济效益高的多效浮动海水淡化工厂,额定生产率达每天5000立方米蒸馏水。

美国在新泽西州岸外近18千米的大西洋中建立了海上发电厂,设计发电能力为115万千瓦。美国夏威夷大学也在研制发电能力为5万千瓦的漂浮式煤炭火力发电厂。美国还提出了在墨西哥湾和大西洋东北部、哈特腊斯角以北建造数个8平方千米的人工岛的计划,以便用于建造石油加工厂。

此外,新加坡还利用远洋货轮改装成一个海上浮动奶牛厂;德国也建成一座日产1000吨氨的浮动工厂。

202. 污水处理厂能建在海上吗？

随着环保意识的逐渐加强,人们对污水处理厂这样的名词已经不再陌生,也知道它们一般建于远离市区的郊区或海边。但是,你听说过建造在海上的污水处理厂吗？这座污水处理厂建造在一座长130米,宽42米的海上浮动平台上,平台的高度为15米,吃水深度为10米。平台内部是污水处理系统,每天可处理由导管输送来的陆上污水3万吨,相当于人口为4万至5万城市的污水排放量。由于平台上部高出海面5米,还可在上面建网球场和海上娱乐设施。与传统的污水处理厂相比,它可以节省30%的造价,建造工期由5年缩短为2年,而且可以降低污水处理成本。另外,还可以节约占用陆地面积,我们何乐而不为呢？

203. 火力发电站能建在海上吗？

大家都知道,以燃烧煤、石油和煤气的方式来发电,其废弃物对人类生活环境的破坏是巨大的。但对于水利资源缺乏的地区,又不得不以这种方式发电。怎样才能解决这个问题呢？意大利国家电力局计划把发电站移到海里,兴建海上悬浮电站。计划中的海上火力电站发电能力为2500兆瓦的海上悬浮发电站。美国在20世纪70年代曾有过类似的设想,但因为海上环境条件困难而放弃了。因此,意大利国家电力局的上述计划将成为又一创举。

科学家们设想,在陆地上用钢筋水泥修造好一艘艘巨大的平底船,这些平底船的底部是270米×199米的平行六边形。把这些大水泥船放到海中，上面安装好发电部件，再拖到指定地点，然后把他们拼起来形成一艘上面载有发电设备的巨大的"航空母舰"。它的表面上不但有发电设备，还有露天的贮煤场和水泥制的储油罐，煤气可由水下管道从陆上输送到电站，燃料废渣可用于修筑道路。为了利用脱硫过程中产生的石膏，还要建一个加工厂。为了稳定船体，一条高出海面的环行大堤是必不可少的，这样便形成了一个巨大的避风港，也保护了海中的悬浮电站。

204. 为什么要在赤道附近海域建火箭发射场？

随着科学技术的飞速发展，一些国家目前正计划在海洋尤其是赤道附近的海域，建立大型运载火箭发射场和筹划建设国际航天港。那么，在赤道附近海域建立运载火箭发射场和航天港有什么好处呢？

建立海上运载火箭发射场，对实现航天器从海上发射、遥测、遥控、回返一体化具有现实意义，并能有效地扩大和改善陆基航天基地的功能。具体地讲，它的好处是可以利用赤道超常旋转离心力，为火箭提供更大的

海上火箭发射场

推力,将火箭顺利发射到预定的轨道上,如果卫星在发射前已经调整好了入轨方向,就不需要抵达一定高度以后再重新定位了。

205. 海上运载火箭发射场和航天港的类型有哪些?

大型海上运载火箭发射场,按所在海区可分为沿海型和远洋型,前者位于各国的领海内,运输补给方便,后者远离近海;按运动方式分,有固定式和机动式两种,前者为岛屿或海上人工平台,后者多为运载火箭发射船,有自航能力,可以洲际续航;按使用期限又可分为临时型、短期型和永久型;按技术复杂程度分类,又可分为简易型和综合型。

美国研究的浮动大型海上运载火箭发射平台能搭载起飞总重达 3000 吨的运载火箭,并能抵御 30 米高的波浪和 40 米/秒的强风袭击。日本的海上运载火箭发射系统与美国的浮动拖曳平台不同,它是由半潜式自航运输船、发射平台、维护平台、储备平台四部分组成的。

206. 美国的太平洋航天港有什么特点?

在夏威夷东南 1000 多英里(1 英里=1.6093 千米)的海面上,一座由美国波音商业空间发射公司为首的 4 家公司投资兴建的海上火箭发射场已经建成,并于 20 世纪 90 年代末期开始承揽发射卫星业务,成功地进行了海上火箭发射。这个海上火箭发射场从 20 世纪 90 年代中期开始建设,其中包括 2 座可发射 100 吨级有效载荷的发射台、2 条可供航天飞机起飞和降落的跑道和 1 条供运输机使用的普通跑道。

这个海上火箭发射场是由北海一座废弃的石油钻井平台改建成的。它包括一座发射台,一个发射架和火箭燃料贮存设施。发射场长 430 英尺(1 英尺=0.3048 米),宽 220 英尺,重 3.1 万吨,耗资 5 亿美元。

21 世纪初期,美国在海上还将建成 3 个~4 个航天港。太平洋航天港各项公共设施将基本配齐,除照常开展发射、回收卫星业务外,还将承接航天飞机和航天飞机的发射和降落业务。届时,太平洋航天港将有 15 万居住人口,其中有 5 万名员工,10 万名家属,它不仅是立体交通最发达、最现代化的地方,而且还将是世界信息中心、著名的旅游胜地呢。

太平洋上的航天港

207. 淡水库也能建在海上吗?

你一定很奇怪,在陆地上见过不少水库,那在海上怎么建造水库呢?别着急,看了下面的内容,你就会明白是怎么回事了。

目前,许多国家都面临着工业和生活用水短缺的问题。而在雨季,各大小江河却水位暴涨,甚至泛滥成灾,最后大部分流入海中;但一到旱季,江河又断流,海水倒灌,于是土壤干裂,作物枯死,甚至连饮用水的供应也发生困难。要解决这种全年降水量分布不平衡的现象,通常是建造大型水库,但水库造价昂贵,占地又多,因此不是最好的方法。瑞典科学家别出心裁地提出建造海上浮体水库,以蓄积淡水,为人类造福。

海上浮体水库的地址一般选择在江河入海口的海域内。这是因为浮体水库离江河口淡水水源近,便于雨季蓄水;离海岸近,便于在旱季将淡水抽回到岸上。另外,在海上建造浮体水库,由于库内淡水和库外海水的压力会相互抵消,不必使用结构复杂和笨重坚固的框架,库壁材料也只需要轻而薄的塑料板,可以显著地降低工程费用。同时海上浮体水库是不需要底面的,这肯定是你没有想到的吧。你可能会疑惑了,难道淡水和海水不会混在一起吗?不会,因为淡水比海水轻得多,它只会浮在海水上面,海水的渗透也只会发生在水库底面有限的厚度内,不会影响到整个水库。另外,没有底面的浮体水库会使混在淡水中的泥沙碎石及其他杂质自行沉入海底,具有净化功能。为防止淡水蒸发和污染,还可以为浮体水库建一个罩盖。若将它建成能够浮动拖航的水库,就能牵引到任何缺水地区的海域了。

208. 世界上第一座海上污水处理水库建在哪里?

多年来,美国纽约市的环境保护科学家们,一直在寻找一种应急排放因暴雨而产生的大量污水的办法,但结果都不理想。后来,他们受到瑞典科学家提出的建造海上浮体水库设想的启发,在邻近纽约的海湾建造了一座可容纳450万升液体的海水污水处理水库,取得了非常好的效果。这座水库的原理和浮体水库是一样的。下暴雨时,人们便将大量的雨水、污水混合物导入海上水库,再经过净化处理,污水就又变成清水了。

209. 为什么要在白令海峡修建巨型堤坝?

人们从来没有像今天这样关心地球的疾苦,因为地球"患病"了,它的体温正越来越热。世上有没有医治地球疾病的"灵丹妙药"呢?当然有,例如利用海水就能达到这个目的。海水果真有如此妙用吗?我们不妨来看看俄罗斯海洋工程学家的"胆大包天"的宏伟设想,或许能让你大开眼界。

翻开世界地图,狭窄的白令海峡便会映入眼帘,它蛮横地将欧亚大陆和美洲大陆分割开来。科学家断言,白令海峡就是一把打开整个北半球气候难题的钥匙。俄罗斯工程师舒米林和波里索夫曾精心设计了一个调动两洋海水的划时代的庞大工程。他们建议造一条长74千米、高50米~60米的巨型堤坝,将白令海峡截断;然后在坝内安装几千台由强大的原子能发电站供电的抽水机,把太平洋的海水送入北冰洋,从而形成一股强大的暖流,通过北极地区流入大西洋。这样,暖流便使沿途的西伯利亚和北美洲的寒冷气候得到改善。同样,也可以把北冰洋的水抽入太平洋,使强大的大西洋戈尔弗斯特里姆暖流经过北冰洋而流入太平洋。这股暖流随之便会融化北冰洋的浮冰,使北纬度的广大寒冷地区的气候转暖。现在北极的冰天雪地就像一面镜子,把90%的太阳光反射回宇宙空间去了。假如有一天北冰洋的冰雪全部融化,那么,北冰洋的海水就能吸收大量的太阳光,促进北半球寒带的变暖。

有人为此描绘了一幅美妙的蓝图:冰天雪地的北冰洋成为常年通航无阻的繁忙的国际航线,原苏联4800多千米的北冰洋海岸线全部解冻,热带向北延伸。温暖的北冰洋将为人类提供极其丰富的海鲜和矿产,漫长的北冰洋海岸和辽阔的西伯利亚地区气候也将能够和温暖的乌克兰相媲美了,那曾经零下70℃的生命禁区也将会鲜花盛开、硕果累累。俄罗斯、美国、加拿大、中国、日本等世界许多国家将会受益匪浅。

210. 怎样阻止大西洋海水流入北冰洋?

俄罗斯的海洋工程学家们提出的在白令海峡建造大坝,使用巨型抽水机使大西洋的海水流经北冰洋,从而使北冰洋海水变暖,为人类的未来描绘了美妙的前景。但是也有持其他意见的科学家,世界著名的美国科学家盖尔哈撒韦就是其中之一,他提议从格陵兰到挪威建造一条长约1700千米的海洋大坝,这个大坝若建成真可以称得上是"巨无坝"了。它的目的是为了把北冰洋和大西洋拦腰截断,阻止大西洋温暖的海水注入寒冷的北冰洋。持这种观点的科学家认为,如果大西洋的温水一旦把北冰洋巨大的浮冰融化,便会造成悲剧的冰河时代。许多人认为,北冰洋变暖之后,地球其他地区以及温带将引起怎样的连锁反应尚不明确,对原始森林和草原的影响也难预料,特别是北极大量的冰雪融化以后,海洋水位升高,沿海陆地和岛屿大量被淹没,可能导致新的冰河时代的到来。

211. 天文台为什么要建在海底？

　　天文台一般都建在观测条件较好的山顶上。可地面观测总有不尽如人意的地方，于是，科学家将天文台从地面发展到了空间，甚至还搬到了地底下和海底！科学家把海底天文台比作天文观测的第三个窗口，它的出现，的确为我们探测宇宙开辟了新天地。

　　在宇宙空间，有一种奇特的基本粒子叫中微子。科学家从预言它的存在到真正捕获它，整整花了30年。中微子是一种不带电的中性粒子，它的质量要比电子小得多，

安塔尔的望远镜

却具有极大的穿透力，可以穿透包括地球在内的任何物质。天文学家非常看重中微子，因为它携带有来自宇宙天体的信息。可是人们要在宇宙中捕获它真是太难了。于是，科学家根据中微子的特点，将观测寻找中微子的装置移到了地底和海底。利用地表的岩石和海水来阻隔来自宇宙的其他粒子，密切注视中微子并设法捕获。

　　目前，全世界已经建成和正在建的地下或海底天文观测台有：日本东京大学宇宙线研究所，它建在岐阜县神风矿山离地约1000米的地下；美国康斯威星州大学南极阿蒙森·斯克特考察站建立在位于2000米深处的冰层

下面的"阿玛姆达"天文台；设在夏威夷海底的"特玛姆特"天文台,这个天文台位于4800米深处,科学家利用清澈的海水作为汇集光源的装置,为了避免水波和发光鱼类的干扰,科学家对装置作了技术处理,以保证观测效果。

不久前,一台名叫"安塔尔"的望远镜安装在离法国南部马赛海岸40千米处深约2.5千米的海底。法国、荷兰、俄罗斯、西班牙和英国的物理、天文及海洋学家,希望通过它了解宇宙射线爆发的情况。

经初步使用,这些地下和海底的天文装置,已经取得了令人鼓舞的观测效果。科学家们宣称,用它们来观测接收天体信息,是地面天文台望尘莫及的。

212. 为什么要将军事基地建在海底?

自从卫星上天以来,卫星的作用日益显露,它真正成了"火眼金睛",对地面的探测做到明察秋毫。以往对外严格保密的军事基地也已无秘密可言。飞机场、导弹和卫星发射场、兵工厂、水面游弋的舰船,它都能一一看清,而且不但白天可以一目了然,夜晚通过红外技术同样能看清。

军事防御是国家安全的保证,它当然需要保密。于是,人们想到了被海水覆盖的海底。把军事基地建到海底去,一来不易被发现,二来不易受攻击,三来节约土地,而且在水下发射导弹,同样可以命中对方目标,特别是反潜作战,海底更具优势,真是一举多得。

建在海底的军事基地有专用潜艇负责为水下工作人

员运送补给品,基地内通信设备、生活设施一应俱全,丝毫不亚于现代化的陆上军事基地。

20世纪60年代,美国就开始研究海底军事基地计划,并在此之后不久付诸实施。他们设计的陀螺形水下居住屋,可供5个小分队在2000米深的海底持续工作30天。这种基地在大西洋、太平洋海底都有布设。据介绍,美国已建成了能容纳几千人的大型海底军事基地,还建立了海底核武器试验场,供导弹试验用。俄罗斯也在海底建有不少军事基地。

海底军事基地以浩渺的大海作掩护,大大提高了保密安全性能,成为可靠的海底"防线"。

213. 海底军事基地的种类有哪些?

在海底建造的用于军事目的的工程设施,如海底导弹和卫星发射基地、潜艇水下补给基地、海底兵工厂、水下指挥控制中心、水下武器试验厂等,通称海底军事基地。它也是海洋空间利用技术之一。

海底军事基地,可分为建在海底表面的基地和建在海底以下的基地两大类。前者为沉放到海底或在现场安装的金属构筑物,又称"水下居住站"。后者为在海底下面开凿的岩洞和隧道。由于海底军事基地具有良好的隐蔽性,特别是在未来战争中海底导弹基地作为第二次打击力量,日益受到各国海军的重视。美国和前苏联在海底建造的军事基地最多。例如,美国在加利福尼亚州南部60海里圣克利门蒂岛附近的海底,建有"北极星"、"海神"等导弹试验的核武器试验场;在佛罗里达州迈阿密东南 50 海里的海底,建有"大西洋水下试验与评价中心",供潜艇和水下武器试验用。此外,美国还计划从冰岛到非洲西南部大西洋 2000 米水深的海底,建立陀螺形"水下居住站"等。

214. 为什么海洋能成为建仓库的理想所在地?

粮库、油库、食品库、材料库、废品库、危险品库甚至军火库,它们占用了人类大量宝贵的地方。海洋那么大,人们能不能把仓库建到海上或者海底去呢?这真是一个绝妙的主意。科学家已经开始设想把人类的仓库建在大海上。

海洋的广袤令人赞叹,即使把眼下陆地上所有的仓库都搬到海上去,也只是占了海洋中一个小小的角落。还有,海底温度低,易于保存物资,特别是食品。海底远离人群,在那里存放易燃易爆物品恐怕最合适不过了。海洋远离火源,存放石油和天然气也最为理想。

现在,世界上已有许多国家率先到海底建起了自己的仓库。挪威在北海东部的油田附近,建造了一个油库。它用钢筋混凝土制成,建在水深 70 米的海底,顶部高出水面,可储放 16 万立方米原油。美国人在波斯湾离岸 100 千米的海上,建了一个无底油库,实际上是一个巨大的无底罐。由于油比水轻,罐内的油浮在上部,水沉在下部,所以油不可能从下面漏出去。罐内的油多了,水就下降;油少了,水就上升。这个油库可储存原油 608 万立方米。日本人则在海上建了两个浮动油库。美国人也在阿拉伯联合酋长国外海建了一个浮动油库。1988 年,我国与芬兰合作,在青岛附近海面建造了一个面积为3万平方米的海上贮木场,能存放1万多立方米木材,既节约了土地,又可避免木材被暴晒,可以说是一举两得。

海底粮库尚没有实现,但日本人已有设想,计划在水深50米至100米的海底建几座能容纳3000立方米的大型粮库。

215. 海洋储藏基地的种类有哪些?

随着海洋开发的推进,在海洋中建设储藏石油、矿石、核燃料等的海洋储藏基地,是海洋空间利用技术的又一组成部分。根据储藏基地所处位置,可分为海上和海底储藏基地两类。根据储藏基地可否移动的情况,又可分成固定式和活动式两类。

海底储藏基地固定在海底。建在波斯湾德尤巴伊油田的水下储油库,储油量达6.8万吨;挪威在北海建造的坐底式油罐,储油量达1.6万立方米,在油罐的顶部装有起重机和直升飞机场。

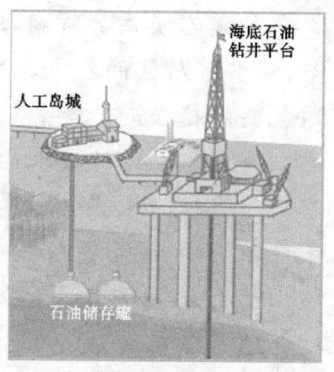

坐底式油罐

海上漂浮式储藏基地的发展也很快,它们多为石油储备,目前,全世界已建成16座。美国在迪拜建造的漂浮式圆柱形储油罐,容量为8万立方米;日本在白岛和上五岛的海上建造了漂浮式船型储油船。另外,日本将建设除石油以外的储藏煤、农产品、淡水等物资的海底仓库。美国计划建造世界上最大的聚苯乙烯混凝土制液化气体储藏基地。英国计划在坎布里亚群岛附近的海底下面，建造一座核废料储藏基地，通过隧道把中等放射性核废料运送到储藏基地。这样，除可进行监视外，还可重新取出。

近年来，我国随着海洋石油和天然气的开发，也开始了海上储油基地的建设。在渤海油田上，我国已建成了一座储油平台。它由6个储油罐组成，用以储集埕北油田开采的原油。北部湾10-3油田的生产系统由储油船、导管架井口平台、单点系泊浮筒组成，开采的石油从海底输油管线经单点系泊浮筒上的旋转密封接头进入储油船中。

216. 核电站能建在海底吗？

随着人类向海洋进军步伐的加快，水下住房越来越多，到水下居住的人也越来越多，解决水下能源供应的问题也变得越来越重要，建造海底核电站是一个不错的主意。海底核电站的技术比较成熟，可以长期大量地供电，它将为海底的未来作出卓越的贡献。法国原子能委员会设计了一种小型海底核电站，发电能力可在10千瓦至1000千瓦之间调节，能自动运行3～5年。这种小型海底核电站可以在海底迁移，可以灵活地向海上石油平台和海洋通讯浮标供电。可以预见，各种大型的、小型的、固定的、移动的海底核电站，将在21世纪林立海底。这又是一种新型的海洋工程项目。

海洋工程

港口飞架彩虹

217. 世界上最早的海港建于什么时候？

你知道世界上最早的海港建于什么时候吗？现代世界海运航线网和众多港口都形成于19世纪后半期，最初的航海和筑港开始于公元前约1000年。当时地中海沿岸的腓尼基、迦太基、埃及、希腊、罗马等都曾拥有相当大的海上船队。腓尼基曾在其商业中心建立了古代的海上碇泊区，采用砌石堤防护；迦太基有石头建造的海船码头。中国早在公元前306—公元前220年就建成了碣石（秦皇岛附近）、转附（芝罘附近）、琅琊（青岛以南）等海港；会稽（今宁波）、泉州、番禺等海港则分别建于汉、唐以后。

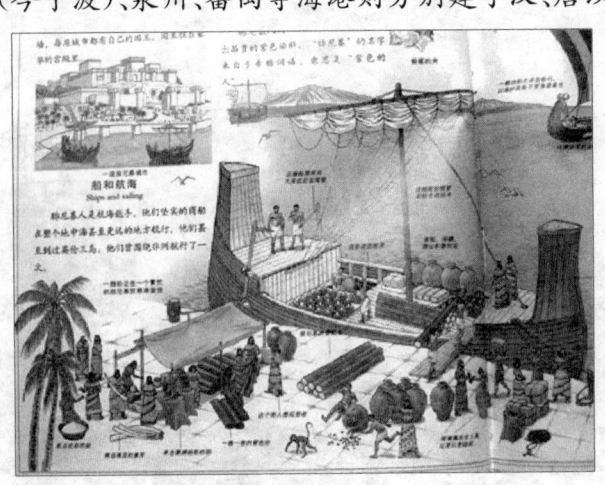

公元前700年腓尼基商船运木的场面

218. 中国最早的海港是哪一个？

中国海港历史悠久，规模可观。在战国时期，中国就已有一批著名港口，琅琊台便是其中历史最久、规模最大的海港。琅琊台古港是在今山东胶南境内夏河城东南琅琊湾中,中部水深 3 米～5 米,湾口约 5.5 海里。该处现在还有琅琊台遗址,曾留下"秦皇三幸"、"汉帝两登"的佳话,湾中沐涫岛、斋堂岛相传为徐福东渡洗礼的地方。战国末期琅琊港已日趋衰落,秦汉时的琅琊港虽然仍在发挥作用,但此后中国以航海为主的海上活动逐渐转移到南方去了。

琅琊台现貌

219. 港口的类型有哪些?

大家都知道,海港主要承担海上运输和内陆运输的转载、货物和旅客的集散。按照不同的标准,港口可分为各种类型。按照它们所处的地理位置可以分为海岸港和河口港。海岸港位于海滨或海湾内,为海上运输服务,如中国大连港、美国纽约港等。河口港则位于河口段内,既为海运服务,又为河运服务,是海—河联运的枢纽,如中国上海港、荷兰鹿特丹港等。海港按用途不同又可分为商港、军港、渔港、工业港和避风港等。用途不同,建港的要求也有所不同。如商业港口对水深和港内水域平稳的要求较高;军港就要求有良好的掩蔽和几个出口;渔港需要足够的水域和较好的天然掩护,港内水面较平稳,并尽量靠近渔场;工业港须靠近大型工矿企业;避风港应尽量利用具有天然掩护的水域。

220. 我国沿海港口分布情况如何？

我国的沿海港口建设在新中国成立后取得了辉煌成就。1990年，交通部对沿海港口的状况进行了普查，货物和旅客吞吐量在万吨或万人次以上的港口共有219个，浙江省数量最多，占26％，福建、广东分别居二三位。全国沿海港口共拥有生产用码头泊位3800多个，其中港务部门1700多个。从拥有深水泊位的数量看，上海居第一，广东第二，辽宁第三。按1990年货物吞吐量分，3000万吨以上的港口有大连港、秦皇岛港、青岛港、上海港、广州港；1000万吨至3000万吨的港口有天津港、连云港、宁波港、湛江港。在此后的10年间，我国沿海港口的建设又取得了更大的成就。

221. 我国的海港城市有多少？

我国的海港城市目前有20座，它们分别是：辽宁省的大连市、营口市，河北省的秦皇岛市，天津市，山东省的青岛市、烟台市、威海市，江苏省的连云港市、南通市，上海市，浙江省的宁波市、温州市，福建省的厦门市、福州市、泉州市，广东省的广州市、汕头市、湛江市，广西壮族自治区的北海市，海南省的海口市。

这些城市的总人口占全国城市人口的五分之一，工业产值占全国工业总产值的三分之一，成为我国发展国民经济的主要基地。看来，海港城市的地位还真不低呢！

222. 我国海港建设主要成果有哪些？

在1949年新中国成立时，中国沿海主要港口的泊位只有233个,其中深水泊位才61个。1951年至1972年的22年间,我国又新建了天津新港、广东湛江港。1973年周总理提出"三年改变港口面貌"的号召,到1978年,建成了大连10万吨级原油码头、

青岛和湛江5万吨级原油码头,深水泊位总数达到133个,吞吐总量达2亿吨。从1978年以后10年间,中国港口建设所取得的成果相当于前30年的总和。1988年沿海主要港口的泊位发展到893个,深水泊位达226个,吞吐量增加到4.6亿吨,与全世界100多个国家和地区的400多个港口建立了海上运输往来。中国筑港的科研和生产队伍也不断壮大,并接近世界先进水平。现在,我国已能自行设计建设10万吨级开敞式码头、30万吨级船坞船台等,并打入了国际港湾工程市场,承建了毛里塔尼亚海港、马耳他船坞等大型工程。

223. 环渤海港口群由哪些港口组成?

大家知道我国最大的海湾是哪一个吗?那就是渤海湾。渤海湾岸线长达5800千米,在这条长长的海岸线上,排列着40多个大中型港口。这些港口分布在辽东半岛、京津唐地区、河北东部、黄河三角洲和山东半岛,平均不到200千米就有一处。它们构成了浩大的环渤海湾港

口群。

到 1995 年,我国沿海主要港口码头已达 1240 个,其中投入运营的深水泊位达 373 个,万吨以上的泊位 300 个,货物吞吐量达 6 亿吨。环渤海地区海港占全国三成以上,其中包括大连、秦皇岛、天津、青岛、烟台等老港,同时还包括京唐、黄骅、营口、东营、日照等一批新港。这些港口的建立不仅大大促进了环渤海湾地区经济的发展,更使我国北方的发展速度得到了迅速提高。

黄骅港

224. 中国哪一个港口被誉为"北方的香港"?

你听说过"北方的香港"吗?它就是具有百年历史的北方最大的外贸港——大连港。"把大连建成北方的香港"是大连港的发展目标,大连港目前已同 150 多个国家和地区的 1000 多个港口建立了通航关系。从 1988 年开始建设的大连新港——大窑湾港一期工程的 10 个泊位已经于 1996 年建成,它包括可停靠第四代集装箱船舶的深水泊位。二期工程于 1995 年到 2000 年

北方的香港——大连港

又建成10个泊位,使得大连港至今已拥有80多个泊位,吞吐能力近亿吨。在不久的将来,大连港还有可能超过香港,成为北方的一颗明珠。

225. 世界最大的能源输出港是哪一个?

与大连港隔海相望的秦皇岛港是我国最大的能源输出港,也是目前世界上最大的能源输出港。到1995年,它已经拥有万吨以上泊位23个,航线向109个国家和地区辐射,吞

吐量已达8000万吨,比美国最大的诺福克港还多了2000多万吨,是当之无愧的世界最大能源输出港。

秦皇岛港的煤炭码头经过了两次大的发展,一次是在国家"七五"重点建设的三期工程,建成一个10万吨级泊位,两个3.5万吨级泊位,年吞吐能力增加了3000万吨。到1996年,它还建成了年吞吐能力3000万吨的煤四期工程的3个泊位和年设计能力300万吨的7个深水杂货泊位。2006年,秦皇岛港年吞吐量首次突破2亿吨大关,继续保持世界最大能源输出港的地位。

226. 我国最大的人工港是哪一个?

天津港历经50多个春秋的发展,已成为我国最大的人工港和最大的国际集装箱中转枢纽。它拥有货运泊位68个,其中万吨以上深水泊位48个,码头岸线总长17600米,已与世界150多个国家和地区的300多个港口通航,

1994年港口吞吐能力首次突破4000万吨大关。随着第四代集装箱船首先在天津港投入运行,该港的集装箱年吞吐量在1994年就已经达58万标准箱,约占全国总吞吐量的25%。跨世纪工程新港北疆的5个万吨级深水泊位已列入国家建设项目。到20世纪末,天津港吞吐能力已经达到1亿吨。

渤海湾里的明珠——天津港

227. 北京的出海口位于哪里?

在距天津港70海里的渤海岸边,有一座新港正在崛起,这就是北京、唐山两市共建的京唐港。1993年7月17日,北京和唐山两市签署建港协议,这标志着中国首都将有自己的出海口。京唐港临仁川望长崎,负京津引晋冀,是环渤海联通内地与海外的重要港口。目前投入运营的已有两个1.5万吨级泊位。在西部港区的8个泊位中,3.5万吨的1号泊位为中国最大的散装水泥泊位,已于1994年9月18日完工通航,而它的2号至6号泊位也已于1995年底完工,形成了650万吨吞吐能力。按工程进度要求,预计到2020

京唐港

年,京唐港年吞吐能力将达到 3600 万吨。

228. 黄河口也能修建深水码头吗?

黄河是中华民族的母亲河,在她的下游黄河三角洲地区有我国第二大油田胜利油田和新兴的城市东营。随着黄河三角洲地区经济建设的不断发展,越来越需要在这一地区修建一座深水大港,以满足经济进一步发展的需要。可是,在泥沙淤积的黄河口能修建深水码头吗?多年来,众多科研单位、高等院校及港工建设部门经过周密调查,终于提出了在神仙沟口建港的方案,该港位于现黄河口北侧约 30 千米。

近年来,人们用卫星遥感照片观测,分析了黄河泥沙入海后的漂移现象和路线,发现黄河入海泥沙并不向西北方向漂流,而是向东北和偏东方向漂移。在拟建港区的泥沙含量是附近沿岸的最低点。这就消除了人们对黄河泥沙有可能对港区造成威胁的疑虑。黄河海港所在的海区处于无潮区,即潮差较小、潮流较大的深水区。由于无潮区的高流速,深水槽中一般不会产生泥沙淤积,也不会威胁到未来港区使用的安全。

根据黄河三角洲上胜利油田的建设经验,无论是高层建筑物,还是公路、机场等,粉砂质地基都可以承受;另外,无潮区水下地基的基础也比较好。由此可以看出,在神仙沟修建深水大港是完全可能的。黄河海港的建成将成为我国人民战胜大自然的又一大创举。

229. 我国最大的集装箱码头在哪里?

目前,我国最大的集装箱码头就是上海港外高桥码头。码头岸线5千米,一、二、三、四期码头工程共12个深水泊位,五期码头工程码头全长1100米、宽58米,陆域面积163万平方米,拥有4个泊位:4万吨级和5万吨级多用途泊位各2个,还建有2个3000吨级的长江驳轮泊位,设计年吞吐能力830万吨,其中集装箱70万标准箱。2008年,外高桥码头集装箱吞吐量达1500万标箱,居中国内地单列港集装箱吞吐量之首,为上海港集装箱吞吐量稳居世界第二作出重要贡献。

230. 亚洲第一大散货码头在哪里?

位于青岛前湾港的20万吨级的矿石码头是目前亚洲第一大、世界第二大"超重量级"的巨型码头。该码头全长420米,宽37米,泊位水深21米,年设计通航能力达到1600万吨,是目前国际港口中现代化水平最高的泊岸码头之一。

青岛前湾港码头

231. 未来的中国北方航运中心将在哪里兴起?

位于胶州湾畔、辽阔的太平洋西岸的青岛前湾港——一个正在崛起的国际级大港,用日益增长的实力,吸引着全世界的目光。

20世纪末,前湾港一二期工程的顺利完工,勾画出了一个国际级大港的宏伟蓝图。这个年吞吐能力过亿吨的崭新港口,从20世纪80年代末的2000多万吨增至

2005年的1.87亿吨,截至2006年11月18日凌晨6点,全港吞吐量突破2亿吨。该吞吐量达到山东全省港口总吞吐量的一半以上,跻身世界10大港口之列,成为名副其实的中国北方国际航运中心。那长长的泊岸,连接着一个国际通商大埠的梦想,连接着一种与世界交融

的胸怀,连接着一条通向未来的发展之路。

232. 长江三角洲港口群由哪些港口组成?

长江三角洲地区以上海、宁波、舟山为龙头的长江三角洲海港群正在形成。该地区已建成20多个通江达海、功能齐全的现代化港口,新增万吨级以上泊位60多个,总吞吐能力占全国的三分之一。就浙江省来讲,它提出了全面实施"海洋经济大省"的跨世纪工程,大力开发深水港口。浙江6500千米的海岸线,深水岸线多达36处,现已建海港58个,泊位649处,深水泊位20多处,对外辐射60多个国家和地区的290多个港口,1993年沿海港口货物吞吐量近5500万吨。

长江三角洲港口群既包括宁波港、舟山港、上海港、南京港、南通港、连云港等传统大港外,还包括浙江的乍浦、海门、温州、大榭以及江苏的张家港、镇江、江阴、扬州、高港、射阳等一批正在兴起的新港。

233. 我国最大的海港是哪一个?

上海港2000年货物吞吐量突破2亿吨,全年的吞吐量达2.03亿吨,成为我国历史上第一个年货物吞吐量超过2亿吨的港口。2004年全港完成货物吞吐量3.8亿吨,是目前我国第一大港,世界第三大港。

上海港

上海港属于河口型沿海港口,担负着以上海为轴心的国内外商品集散运输任务,国内联运面遍布全国20多个省市,国际上与五大洲160多个国家和地区的600多个港口相连接。长江口航道是船舶进出上海港及长江干线的咽喉通道。上海正在加速发展浦东新港区,预计它的年吞吐量还会进一步提高。

234. 我国最大矿石及化工品中转港是哪一个?

1994年11月,我国目前最大的可接纳30万吨巨型散装船的卸矿泊位在宁波港的北仑港区建成,首艘25万吨"易坚号"矿船,满载着铁矿砂从巴西巴士朗港驶抵北仑港区,顺利地靠上泊位。20万吨的利比里亚"世界大使号"原油船也在海上安全接卸,创下了我国大陆沿海港口中转的新纪录,北仑港区成为了我国最大矿石及化工产品中转港。

已有1200年历史的宁波港现有500吨级以上泊位

48座,其中万吨级以上泊位18座,年综合吞吐能力已达5000万吨,与世界60多个国家和地区的290多个港口通航。宁波北仑港区是国家重点开发的我国四大国际深水泊位群之一,可满足10万吨至30万吨级船舶进港直接靠泊作业或停泊锚地进行过驳作业的需要,现已建成2.5万吨级以上深水泊位14个,其中有10万吨级砂矿中转码头、15万吨级原油码头和5万吨级国际集装箱泊位、煤炭泊位和万吨级的通用泊位。

235. 哪个港口被誉为"中国港口皇冠"?

能被誉为"中国港口皇冠",这个港口肯定大不一般,你想知道它是哪一个吗?它就是作为整个宁波港精华和主体的北仑港区。它位于杭州湾出海口南岸的北仑山麓。北有舟山的金塘岛,东有大榭岛为天然屏障,挡住了来自太平洋的狂风巨浪,形成半封闭型的港区海域;港域内水深达20米以上,正常全年98%的时间只有1级~2级的风浪;主航道水深在50米以上;潮流的流速大,泥沙极少淤积,可以保持稳定的水深,具有长年不冻不淤的特点。如此优越的建港条件,可说是得天独厚。

北仑港

北仑港是大陆沿海已建成的唯一能通航满载20万

吨级巨轮的港口,并已出现一批全国之最的泊位,它包括15万吨级的原油码头、最大可靠泊8万吨级船舶的国际集装箱码头、10万吨级的矿石中转码头。现在,北仑港已成为全国大型泊位最密集、功能最齐全的深水大港。到1992年底,14座功能各异的大型泊位群,所具有的吞吐能力超过3800万吨,矿砂、原油、煤炭、化肥、水泥、粮食以及集装箱、杂件货的运输已全面展开。

北仑港的开发前景十分诱人。1992年5月,李鹏总理视察北仑港时亲自定下了在这里兴建我国首座20万吨级的矿石中转码头(三期工程)的计划。另外,四期、五期工程将陆续上马。北仑港在21世纪初的目标是:形成2亿吨至3亿吨年吞吐能力的世界级大港。

236. 大榭岛开发为什么被称为是跨世纪的宏伟工程?

你知道吗?位于港口周围的岛屿也有重要的开发利用价值。1993年3月26日,国务院正式批准中信公司开发宁波大榭岛,并给大榭岛经济技术开发区的政策(国家将一个海岛卖给国内一家企业进行开发,这在共和国的历史上还是第一次,人称"大榭岛模式")。

开发设想将分三步走:第一步进行基础设施,计划建一座800米长的跨海公路铁路两用桥,将大榭岛和北仑港区连接起来;第二步,主要通过国际招商,大规模引进外资,逐步开发港口、仓储中转、高新技术产业及金融、旅游、房地产等第三产业;第三步,把大榭岛建成以出口加工、国际贸易为支柱的具有世界一流水平的国际现代化港口和外向型工业区。整个工程计划用15年时间,基础设施投资约为20亿～30亿元人民币。

开发大榭岛不仅有利于上海浦东开发,促进长江三角洲及沿江地区外向型经济的发展,更重要的是,它将一种新的发展模式带入了我国的改革大潮中,称它为跨世纪的宏伟工程可以说是恰如其分。

237. 我国自然条件最优良的港口是哪一个?

大家都知道,建港最主要的就是看它的自然条件。你知道我国自然条件最优良的港口是哪一个吗?它就是前面提到的与宁波隔海相望的舟山港。"千岛之城"的舟山港依托定普、岱山、衢山、嵊泗四大港区,水深在10米以上的岸线有164千米,15米以上的有103千米,可建10万吨至30万吨深水泊位。港池水深25米至123米,巨大而封闭的1000平方千米港域面积与世界第一大港鹿特丹相当,锚泊面积120平方千米,为香港维多利亚湾港的2.5倍。

舟山港

现在,舟山港的建设正在逐步加快,中国第一个20万吨级油码头和30万立方米储油罐已在岙山岛建成,香港华光公司积极筹措在岙山岛建造大型泊位。中法合资浦东煤油实业公司拟在册子岛兴建20万吨级油码头。宝钢计划在马迹岛兴建25万吨级铁矿砂码头和储存基地。中外合资首和船运公司在野鸭山锚地建海上铁矿砂中转基地。定普港域的老塘山新港区已相继建成31.5万吨级和2.5万吨级的中转木材和煤炭的泊位。在1993年,舟山港吞吐量已超过了400万吨,步入全球500个年吞吐量超过100万吨港口的行列。

舟山港的自然条件完全可以和鹿特丹港相媲美,它的发展前途不可估量。

238. 欧亚大陆桥的东方桥头堡是哪一个港口?

我们知道,欧亚大陆作为世界上最大的大陆,它就像一座桥一样跨在太平洋与大西洋之间,桥的西端桥头堡是世界最大的海港——鹿特丹,那么东端的桥头堡是哪一座港口呢?它就是位于我国沿海中部的黄海之滨、江苏省东北部、陇海铁路的东端起点的连云港。

连云港现已成为我国八大对外贸易港之一,与世界上30多个国家和地区近100个港口有航运往来。到20世纪90年代初期,国家为建设连云港已投入22亿元。拥有20万标箱运输能力的庙岭二期工程第二代集装箱码头和散粮码头于1993年建成,被誉为"神州第一坝"的6700米抛石拦海大堤于1994年竣工,使全港共有泊位25个,其中万吨以上泊位18个,年吞吐能力为1955万吨。1994年开工的墟沟新港区6个万吨级深水泊位扩建工程进展顺利,新上的500万吨集装箱、杂货运输能力的庙岭三期工程已做好前期准备。

按照港口发展总体规划,连云港最终将形成老港区、庙岭港区、墟沟港区、北港区、东港区五大港区,码头岸线可达25千米,最终可建成100多个泊位,年吞吐能力达

6000万吨至1亿吨左右。届时,一个高效率、多功能、管理先进、信誉卓著、环境优美的连云港,将作为国际经贸联运枢纽港跨进世界名港的行列。

239. 孙中山先生设想的连云港是什么样的?

连云港前有东西连岛作屏障,后有云台山脉为依托,是一个山岛环抱、港阔水深、终年不冻的天然良港。连云港作为欧亚大陆桥的东方桥头堡而闻名,可你知不知道,连云港在历史上就很有名呢!伟大的革命先行者孙中山先生在《建国方略》中就曾设想要把它建成一个"可以容航巨舶"的"二等海港"。

连云港,原名"牢窑",是古时犯人充军的边陲,后更名"老窑"。直到20世纪初,这里还是一片自然王国,星星点点的渔村隐匿在荒草野林之中。连云港的兴

连云港

建,酝酿于辛亥革命之后。孙中山先生在拟定实业计划时,认为海州自然条件优越,"又有内地水运交通之利便",如能改良大运河及其他水路系统,则海州"将北通黄河流域,南通西江流域,中通扬子江流域",成为一个"可以容航巨舶"的"二等海港"。孙中山先生的设想是非常科学的,但当时国内战乱不休,孙中山先生的实业计划难以实行。

时至1933年,连云港计划终于开始实施。经3年多

的时间,终于筑起一道长1050米的防浪堤,新建码头两座,两码头间距260米,可同时停泊3000吨级轮船6艘;并开山填海,建造车场、货场,将新浦至孙家山铁路延长28千米。《建国方略》中的"东方第二大港"从此开始崛起。连云港开航第二年,日本侵略者即封锁、破坏连云港。1945年以后,港口没有得到任何建设,反而不断遭到抢劫和破坏,致使码头、泊位倒塌,防洪堤毁,航道淤塞,设备残缺,仓库破烂,连1000吨的货轮也难已进出港口。直到1949年新中国成立以后才真正开始实施孙中山先生的建港实业计划。

以连云港今天的发展情况来看,我们不得不佩服孙中山先生的高瞻远瞩和深谋远虑。

240. 南方港口群由哪些港口组成?

今天,在我国华南沿海又崛起了一个大的港口群,它是由福州、厦门、汕头、广州、湛江等一批老港及惠州港、珠海港和盐田港等众多新建大型深水港组成的。华南港口群正在建设的重大港口工程有10万吨级煤码头、5万吨级油码头和5万吨级集装箱码头等,集能源、工业、贸易于一体的国际化港口体系正在迅速形成。

241. 我国四大深水国际中转港是哪些?

港口作为海上运输的集散地和中转枢纽,正在起着越来越重要的作用。我国拥有四大深水国际中转港,你知道是哪些吗?它们就是大连大窑湾、宁波北仑港、福建湄洲湾和深圳盐田港。大连大窑湾港建有可停靠第四代集装箱船舶的深水泊位20多个。宁波港北仑港区被外国港口专家誉为"中国港口皇冠",港域内水深达20米以上,是大陆沿海已建成的唯一能通航满载20万吨级巨轮的港口。湄洲湾也建成了多座5万吨级和3.5万吨级深水码头。盐田港是我国第一个获全国保税地位的港口,泊位水深达15米。

242. 福建的港口建设情况如何?

福建省拥有3000多千米的海岸线,有着建港的绝对优势,可建万吨级以上港口码头的深水良港就有10多处。作为拥有港口数量居全国第二的省份,它的港口建设情况又如何呢?

自1979年底,福建省决定批准北起福鼎沙埕,南至诏安宫口港等20多个港点为出口港澳外贸物资起运点后,福建港口建设便走上了快车道。1994年全省港口外贸货运量近千万吨。闽东的三都澳和闽中的湄州湾当年是孙中山先生规划建"中国少有,世界不多"的深水良港地,如今已开始建设。位于中国海岸线正中点的三都澳,域内水深湾阔,澳内10米以上深水面积达173平方千米,为荷兰鹿特丹港的8倍,三都澳内城澳港,在任何潮流下,50万吨船舶可自由通行,港区可建1万吨至50万吨的大小码头20多座,理论吞吐量可达4亿吨。1993年9月23日,国务院正式批准城澳港对外开放。同年10月26日,新中国建立以来第一艘外轮驶进三都澳。现港区总体规划已经完成,飞鸾至城澳一级疏港公路正在兴建,2万吨浮动码头投入使用。湄洲湾水域面积516平方千米,岸线长289千米,湾内大小岛屿组成的三道防线挡住了风浪,5万吨级船舶可自由进出。1994年10月,湄洲港秀屿港区万吨级码头建成,3.5万吨级煤专用码头即将动工兴建,它将使全港区吞吐能力超过150万吨。此外,罗源市淡头、狮歧两个万吨级码头已完工,漳湾3000吨级杂货码头将进行改造。将军帽和新澳两处5万吨和10万吨级码头已列入规划,连江县下宫的5万吨至30万吨级深水大港建设已进行论证,长乐市松下港万吨码头群建设的前期准备工作正加紧进行,福清市3万吨级元港码头已交付使用,壁头万吨级码头已破土动工。

243. 被马可·波罗称为古代世界最大的港口是哪一个?

早在古代时期,我国就有许多世界闻名的港口,泉州港便是其中之一。说起来,泉州港的出名还和马可·波罗有一段渊源呢。公元1291年冬,大旅行家马可·波罗奉元世祖之命护送理古公主阔阔真出嫁波斯王途经泉州,并以泉州港为出发港,开始了他西返的航程。马可·波罗在《马可·波罗游记》一书中记录了他在泉州的见闻,称泉州为"世界上最大的港口之一"。后来的摩洛哥旅行家伊本·拔图泰也于1347年到达泉州,盛称"刺桐港为世界上最大之港"。当时的泉州港声名远播海外,成了一个国际大都会。

泉州港，西方人称它为"刺桐港"，因古代泉州城内外到处种植刺桐树而得名。据史书记载，早在南北朝时，泉州就有了与海外交通往来的记载。到唐代时，"蕃舟蛮人"纷至沓来，泉州港逐渐成为"市井十洲人"的国际城市。五代时期，中原动荡，而位于东南沿海的闽国（今福建省）却"一境晏然"，而且大力发展海外贸易往来。"招宝侍郎"王延彬主政泉州时，"多发蛮舶，以资公用"，泉州于是一跃成为发达的港口城市。到五代末，泉州港便以"刺桐港"的美名而蜚声海外。后来，尤其是宋室南迁后，泉州港的海外贸易更加蓬勃发展，成为列于广州之后的全国第二大海港城市。当时与泉州有贸易往来的海外国家达60多个，泉州商人的足迹到达东南亚、西亚各国以及非洲东海岸。

244. 全国港口密度最高的省份是哪一个？

大家都知道，广东是我国经济最发达的地区之一，这与它大力修建港口码头是密不可分的。广东省在3300千米的海岸线上，已建港口70多个，平均不到50千米就有一处，为全国港口密度之最。包括10个3.5万吨深水泊位的广州新沙港首期工程的完成，使广州港的运力提高了三分之一。具有百年历史的汕头港，近年已建成5000吨级泊位8座，16万吨级过泊锚地2个，改建5000吨级和3000吨级集装箱泊位各1个，一座3.5万吨级煤炭泊位和一座万吨级油码头于1994年9月交付使用。广澳新港区于1994年8月18日破土动工以来，3个深水泊位已建成,汕头港年吞吐能力已达1000万吨。广澳新区规划建设24个2万吨至10万吨级泊位,年吞吐量将达3000万吨以上。位于大亚湾内的惠州港一座3.5万吨级通用码头已投产使用,一座2.5万吨级油气码头及配套的容量为3万吨的油库、容量为3000立方米的气库、管道等已落成。位于珠海西区的珠海港水域面积200平方千米,可用岸线70多千米、距港澳分别45和10千米,距大西国际水道仅1千米,可建1万吨至20万吨泊位70个~100个,远景规划年吞吐能力可达1亿吨以上。1993年11月,两个2万吨级泊位竣工,一座25万吨级油码头已兴建,计划1996年完成的一座10万吨级码头建成后,将成为我国仅有的能接卸10万吨级大型运煤船的专用码头。粤西的阳江港一期工程两个1000吨级和一个5000吨级泊位建成,年吞吐能力为70万吨。目前,广东年吞吐能力已超过1亿吨。

245. 哪一个港口将成为我国南方的物资集散中心?

我们已经知道,青岛前湾港将成为我国北方的航运中心,那么,谁将与之呼应,成为南方的物资集散中心呢?它就是珠海港。珠海港位于高栏岛区,拥有面积达88平方千米的天然大港湾,离国际大西水道仅1000米,可建1万吨至25万吨级的码头泊位100多个,建成后年吞吐量可达1亿吨以上,将成为比香港维多利亚港大1倍的国际性港口。1992年4月18日,珠海港举行了奠基仪式。建设者们削平了33座山头,填海造地6平方千米,用300万方石头填海造堤,筑起了6千米长的联岛大堤,由高栏岛的牛角沙港口直达南水岛的榕树根湾。珠海港的两个2万吨级码头于1993年11月底投入使用,一个10万吨级码头于1993年9月份动工,1996年完成一期工程,25万吨级油码头正在兴建。与此配套的高栏岛环岛公路已建成,连接西区与珠海市区的50千米长、8车道的高级公路已大部分贯通,其中耗资4亿元、长3125米、宽31米、上下行6车道、横跨西江的磨刀门的珠海大桥经过27个月奋战已于1993年建成。

珠海港

珠海的昨天,令人难忘,珠海的今天,充满生机,珠海的明天,前途远大。随着香港澳门的回归祖国,珠海大港口的建成,珠海,像一颗璀璨的明珠,必将放射出更加绚丽的光彩。

246. 在我国第五大岛上兴建港口有什么意义?

东海岛是我国的第五大岛,它位于湛江港外的雷州湾与广州湾之间,面积286平方千米,东西长30千米,南北宽12千米。东海岛地处印度洋、太平洋沿岸国家和地区海陆联系的枢纽,又是我国西南金三角经济区的进出口咽喉。它是我国大陆通往东南亚、欧洲、非洲、大洋洲航程最短的口岸,在亚太经济圈中具有极为重要的战略经济地位。

东海岛地处湛江港南部,与南三岛成犄角之势,在这里建港,既可利用湛江港现有条件与规模,又可沿东海岛的东北岸线发展湛江港的新港区。东海岛的海岸线长90多千米,其中面向湛江港的东北部龙腾至蔚律6.5千米的深水岸线,是湛江港的精华部分,可同时通航30万吨级的货轮和50万吨级的油轮。东海岛的建设目标是建成年吞吐量1.5亿吨以上的国际大港。

247. 我国最西部的港口是哪一个?

我国最西部的港口防城港位于距离广西北海市150千米的钦州湾海岸。它三面环山,东部有企沙半岛,西部有白龙尾半岛,形成了港区的两道天然屏障,港内风平浪静,气候四季宜人。码头风力低于外海2级～3级,航道水深7.5米,航道和港池在夏天淤积,但冬天又会发生冲刷,港口水域终年不结冰,陆地宽广,地势平坦,全年作业天数达265天以上。

防城原来是一个小渔村,1968年,为了"援越抗美",所以我国在这里修建了一个简易港口,这就是今天防城港的雏形。如今,防城港已有1万吨级、1.5万吨级、2.5万吨级泊位8座,万吨级以下泊位5座,码头岸线1676米,港池水深9米～10.6米,年吞吐能力600万吨,已与世界100多个国家和地区通航,是目前仅仅次于黄埔、湛江港的华南地区第三大港口和全国枢纽港,也是我国西南粮食、建筑材料、石油、水产等的外贸进出口的重要中转基地和全国十大接粮港口之一。

海洋工程

248. 香港的名称是怎么得来的？

香港素有"东方之珠"的美誉，位于亚洲太平洋地区中心，背靠祖国大陆，宛如一颗明珠镶嵌在世界的东方。香港地理环境得天独厚，依山傍海，水阔港深，气候宜人，是优良的天然海港之一，也是旅游、购物的理想场所。可你知道"香港"是怎么来的吗？原来，香港地区包括香港岛、九龙、新界以及附近海域的235个离岛。香港岛位于珠江口之东，九龙尖沙咀之南，东西长约16.8千米，南北宽约3.2千米至8千米，面积75.6平方千米，是香港地区的第二大岛。香港岛最早名叫"裙带路"。"裙带路"是说有条

美丽的香港

山路在港岛山腰蜿蜒而过，自九龙海上望去，宛如妇女的裙带，因而得名。香港一名的由来说法颇多，主要有两种。有人认为是从"香港村"一名而来。香港村原属官福司(九龙)所辖，英国人最初到香港就是从这里登陆的。村里有一条小溪注入大海，水手们发现这里的溪水甘甜可口，常来汲水作饮料。因此，这条小溪便得名香江，它的港口就叫"香港"了。也有人说香港的名称从"莞香"而来。香港原属广东东莞县，以前东莞以出产香料著称，叫作"莞香"。当时莞香多由东莞运到九龙尖沙咀，再渡海

到香港岛石排湾(香湾仔)集中。由于该港口是香料的集散地,所以就有了"香港"的美名。

249. 为什么说香港的维多利亚港是最繁忙的港口之一?

众所周知,香港是亚洲"四小龙"之一,它经济高速发展的重要原因就是有优良的海港,而其中最著名的莫过于维多利亚港。香港海岸为溺谷海岸,维多利亚港建港条件十分优越,它的周围有岛屿和半岛屏障,形成了水面较平稳和水深条件优良的水域。港内波浪作用较弱而潮流流速较大,淤积少,水深条件好。因此,维多利亚港与巴西的里约热内卢港及美国的旧金山港被誉为世界三大天然良港。维多利亚港担负着香港港口的主要功能,它是重要的商港、客运港、渔港、军港等。1995年香港港口货物吞吐量达到1.5亿吨,集装箱处理量1200万标准箱,居全球第一,而且目前正以每年20%的速度增加。高速客船客运超过2000万人次,轮渡客运0.8亿人次。可以说香港港口是世界上最繁忙的港口之一,正式注册登记的船舶2万多艘,港域内除了码头装卸作业繁忙外,在水域各处浮筒上还经常有船作业,船只往来穿行如梭,密度极大。香港维多利亚港口正发挥着越来越重要的作用。

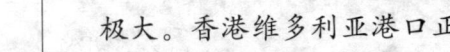

250. 澳门拥有深水大港吗?

和香港一样,澳门也是一座海港城市。澳门在16世纪时曾是远东繁华的商港,但因为没有深水港,只能停靠1000吨的货轮,所以此后它的地位逐渐被香港所取代。现澳门特区政府计划在近期内修建澳门深水港、松山隧道、国际机场及第二座澳凼大桥,以改善交通状况。深水

港奠基仪式日于 1988 年 6 月 11 日举行,港址在最外沿的路环岛九澳,这是继 1974 年澳凼大桥后的最大工程之一,工程分两期进行,总投资 3 亿澳元。第一期工程组资 1.06 亿澳元,计划施工期 20 个月,包括填海、平整土地、兴建码头、疏通 5 米～7 米深航道,完成后可停泊 5000 吨级轮船。第二期工程将航道疏通 7 米～9 米,可供万吨轮船停泊。

澳门风光

深水港建成后,香港和澳门就可以遥相呼应,带动珠江三角洲地区进入更快的发展空间。

251. 台湾第一大港是哪一个?

台湾第一大港口是高雄港。高雄港位于我国台湾岛西南岸,它的西面距离厦门港只有 165 海里,是我国的大港之一。高雄港在台湾港口中名列首位,在世界航运业中占有重要地位,它地处欧亚航线要冲,集装箱吞吐量在世界上位居第三位。高雄港设施和管理完善,海峡两岸直航后,高雄港将作为最重要的直航港口。

台湾高雄港

高雄港又称"打鼓港",位于台湾的西南部,扼台湾海峡的南口,是台湾南部的海路大门、台湾最大的港口城市,也是仅次于台北的台湾第二大城市。高雄以高雄港著称。目前它既是台湾最大的商港,也是军港和渔港。高雄港呈长条形,港长约12千米,平均宽度约1.5千米,水域面积约13平方千米,水深10米~16米。北为寿山,南为脐后山作为屏障,两山夹峙,地势十分险要,战略地位重要。

早在荷兰人占据台湾时,就把它视为交通要津。1855年兴建了港口、码头、仓库及灯火信号设施,从此高雄港逐渐成为"华洋杂处,商贾云集"的商港。1863年正式辟为商埠。1883年,在港口两侧的断崖峭壁上建筑了两座灯塔,每当夜幕降临,那红白两色的灯光就为海上过往船只照亮航路。1920年开始称为高雄。从1958年开始扩建至今,高雄港已开辟航道10.3千米,填筑新生地5.44平方千米,开辟第二港口。第一港口宽136米,水深12.8米。第二港口宽250米,水深17.8米。港口码头117座,可容船舶104艘。港区面积近1400万平方米。高雄港年吞吐量为1.3亿吨,约占台湾总吞吐量的四分之三,进出港年货物装卸量可达1.8亿吨。

高雄是国际港口,有到美洲、西欧、中东、东南亚、日本和香港以及环台湾岛的定期和不定期的国际航线和其他航线,并已建立4个现代化的货柜储运中心。为了适应未来两岸直航的要求,高雄市政府已规划出交通环境良好、工商业基础条件强的前镇工业区附近580多万平方米土地,作为"转运中心"用地。

252. 徐福东渡船队从哪个港口启航?

公元前210年,徐福奉秦始皇之命,率"童男童女三千人"和"白工",携带"五谷种种",乘船泛海东渡,成为迄今有史记载的东渡第一人。徐福东渡把秦代文明带到日本,促进了日本社会由绳纹时代向弥生时代的飞跃。徐福在日本被尊为农耕神、蚕桑神和医药神。日本纪念徐福的祭祀活动历经千年而不衰。

那么,徐福的船队究竟是从哪里出发东渡的呢?有关徐福船队启航的主要说法有以河北省的秦皇岛和黄骅附近为出发点的,也有在浙江省慈溪舟山的说法,还有江苏省海州湾一带(连云港市赣榆县)、山东省登州湾(龙口市黄县)、胶州湾徐山(青岛市)琅琊、成山头等地的说法,确切的启航地至今还无定论。在众多的启航地的讨论中,立论确凿、论证有力的当属孙光圻先生的观点,他认为徐福东渡启航地应在秦代的琅琊古港(今山东胶南县琅琊山)。

253. 古代海上丝绸之路的出海口在哪里?

你听说过海上丝绸之路吗?让我来告诉你吧。以丝绸作为商品标志的古代东西之间的贸易往来有两条通道,第一条就是大家比较熟悉的汉代张骞开辟的陆上丝绸之路,第二条就是海上丝绸之路了。形成海上丝绸之路的确切时间目前尚无定论,但有一点是肯定的:它是在陆上丝绸之路衰落后而兴起的。海上丝绸之路作为东西方交往的主要通道,沟通了东西方间的政治、经济、文化交流,其影响之大、之深远,远远超过了陆上丝绸之路。

海上丝绸之路也有两条。一条是通向东方的航线，即中日间的海上通道；另一条则是经东南亚、印度半岛通往西方的航线。海上丝绸之路主要是指后者。众所周知，我国古代的航海技术远远领先于世界其他各国。中国的大船于公元前1世纪就已出现在了印度洋上。公元166年，罗马使者首次通航中国成功。以此为标志，海上丝绸之路开始形成。东汉以后，东西方之间的海上交往日趋频繁，海上丝绸之路逐渐发达，最终取代了陆上丝绸之路，成为东西方之间交往的主要通道。

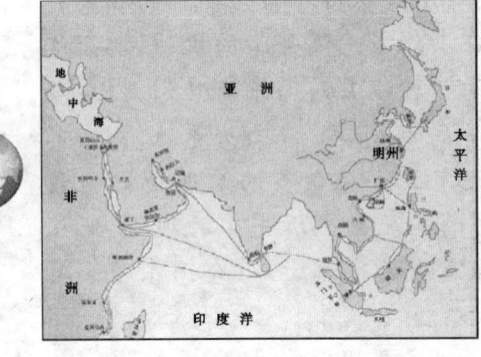

海上丝绸之路

海上丝绸之路兴建于唐朝，宋元时期达到极盛。那时，中国的大宗商品通过海路运抵东南亚、印度洋沿岸各国，甚至远至西亚的幼发拉底河、红海地区，与西方各国产生了直接的贸易关系。东西方文化通过海上丝绸之路互相传播，互相交融，尤其是中国的航海技术等古代发明的传入西方，使西方社会发生了革命性的变化。伴随着海上丝绸之路的兴盛，我国东南沿海也兴起了众多的港口城市，如广东的广州港，福建的泉州港、福州港，浙江的明州港（今宁波），江苏的扬州港等，这些都是古代海上丝绸之路的始发港，其中最主要的是广州港和泉州港。

海洋工程

254. 我国第一个邮运专用码头哪年建成？

邮运码头就是专门用于邮政运输的码头。我国第一个邮运专业码头是烟台市邮电局的专用码头。该码头工程于1985年11月底竣工投产，是一个千吨级泊位，码头长70米，护岸204米。在建设码头主体工程的同时，配套的自动信拣设备也同时建成。

邮运专用码头的建立，有效地减轻了邮政空运和陆运的压力，但由于其速度太慢，运输时间太长，在越来越注重速度的现代社会，邮运专用码头并没有太大的发展潜力。

255. 我国的"无雾港"在哪里？

无雾港，顾名思义就是没有雾的港。我国的"无雾港"在哪里？大家都会认为可能在北方沿海吧。其实，我国海雾最少的地方，不在北方，而在南方热带沿海。经过长年观测，在我国北纬20度以南的海域，很少出现海雾。例如，西沙群岛平均三年才出现一次海雾。海南岛的榆林港就从未有过有雾的记录。所以，位于海南岛南端的榆林港就是我国"无雾港"之一。除此之外，在我国的台湾省也有"无雾港"。据资料记载：台湾岛东侧的花莲港，近50年从来没有见过雾。在台东、恒春两地，当地居民在50年里只见过一次海雾。

为什么海雾在我国南方热带海洋不多见呢？这是因为，要形成雾，水汽要多，温度又要低，水汽要呈过饱和状态，但我国南方热带海洋海水温度高，蒸发旺盛，再加上热带海洋空气上下对流运动旺盛，低空的水汽大多被上升气流带到高空,低空难于形成海雾所需的水汽含量,所以,我国热带沿海港口就很少能见到海雾的踪影。

256. 什么是自由港?

所谓自由港,是指不属于一个国家海关管辖的港口式海港地区。外国货物可以免税进出该港,也可以进行加工、贮藏、贸易、装卸或重新包装。自由港的范围,可以是某一港口的一部分,也可以扩大到港口的毗邻地区,即自由区。所以,自由港首先必须是海港,主要业务活动是贸易和转口,其特点是"自由"和"特殊"。

现在,自由港已扩大到工业生产、科研教育、农牧渔业生产以及金融保险和旅游业,名称也五花八门,有自由市、自由区、自由贸易区、自由关税区、自由边境区、经济特区、直接转口港、促进投资区、特殊地区、出口加工区、科学工业园区、免税商店、免税仓库以及自由过境区等,地点也从海港扩大到内河港、航空港、火车站等。

自由港是在自由市的基础上发展起来的。13世纪末,欧洲的商品经济得到了迅速发展,一些沿海城市依靠海上贸易,逐渐变得富裕起来,开始实行自由贸易政策,成为自由市,如南欧的威尼斯、热那亚、那不勒斯等城市。这些自由市就是现代自由港的前身。1547年,意大利的里窝那港宣布为自由港,"自由港"一名才开始正式使用起来。

18—19世纪,欧洲殖民主义者为了掠夺殖民地,进行转口贸易,纷纷设立了自由贸易区。"二战"以后,殖民体系土崩瓦解,自由港也发生了很大变化,已经逐渐变成特殊的综合经济区。到 90 年代初期,全世界自由港已有 521 个,分布在 82 个国家和地区,贸易额占世界贸易总额的 10%。

257. 我国的自由港开始于哪一年?

自从党的十一届三中全会以来,我国也开始实行自由港政策,我国的自由港是以经济特区和经济技术开发区的形式出现的。我国的自由港与世界各国相比,面积更大,业务范围更广。第一个自由港是 1979 年初香港招商局在深圳蛇口投资开发的。1980 年 11 月,我国政府设立了深圳、珠海、汕头和厦门经济特区。1984 年 4 月,国务院又宣布,开放大连、秦皇岛、天津、烟台、青岛、连云港、南通、上海、宁波、温州、福州、广州、湛江和北海 14 个港口城市,允许在老市区外设立经济技术开发区,引进外资办厂,给予类似经济特区的优惠待遇。在这些地区,资金主要靠外资,产品主要是出口,充分发挥市场调节作用,给外商以特殊的优惠与方便,当地拥有更大的自主权。这些特殊的政策,使得我国自由港已成为技术、管理、知识和对外政策的窗口,既有发达的物质生产,又促进了精神文明的发展,无疑对我国的四化建设起着积极的推动作用。

258. 世界最大海港是哪一个?

世界上最大的海港鹿特丹港位于以"低洼之国"而著称的荷兰的莱茵河与马斯河的下游,每年进出港口的远洋船只 3500 多艘,通往世界各地的定期班轮有 1.25 多万航次,平均每小时就有 8 艘远洋轮船进出港口。港口的全年游客周转量和货物的吞吐量,均排名世界第一,全年货物吞吐量为3亿多吨。由于鹿特丹港所处的地理位置,每年还有20多万内河船只来港口运送游客和装卸货物。整个港口,万吨巨轮和大小船只来来往往,穿梭不止,一片繁忙的景象。

世界最大海港——鹿特丹港

259. "葡萄酒之港"在哪里?

葡萄酒之港,光听这名字就让人垂涎三尺了。你想知道它在哪里吗?波尔多是法国西南部重要的港口城市和经济、文化中心,也是阿基坦大区首府以及吉伦特省省会。波尔多处于典型的地中海型气候区,夏季炎热干燥,冬天温和多雨,适宜葡萄生长。它的周围有1150平方千米葡萄种植园,满山遍野,一串串晶莹欲滴的葡萄挂满葡萄架。波尔多每年酿制5亿瓶品质上佳的葡萄酒行销全世界,不愧是座飘满酒香的"葡萄酒之城",千年传统古法酿造的葡萄酒几乎成为波尔多的代称。

大西洋畔的葡萄酒港——波尔多

自8世纪以来,波尔多就成为法国主要的葡萄产区和葡萄酒、白兰地酒出口港。

波尔多属于世界,它的酒是为全世界酿制的。虽然它的葡萄种植面积,只占全世界的 1.5%,但葡萄酒的出口量却占 4%,而总价值竟占 10%。波尔多不仅是世界葡萄酒的王国,而且还是各国葡萄酒的始祖。美国加州、澳大利亚、南非等地的葡萄酒,都是从波尔多引进树种、工艺和酿造技术的。中国著名的张裕葡萄酒,也是 100 年前从波尔多引进的。

如今波尔多港由海港、河港和外港三部分组成,港口繁忙,进口有原油、矿石和热带农产品等,出口有葡萄酒、白兰地、地毯、纸张、小麦和玉米等。波尔多的加龙河上还保存着中世纪风格的 17 拱砖桥和一些造型别致的桥梁。波尔多正以其独特的吉伦特文化韵味和名胜古迹吸引着四方游客。

260. 北极圈内的不冻港是哪一个?

北极圈就是指北纬 66 度 33 分的纬线,它是地球上地域划分的界限,也是全球气候带划分的界限。北极圈以北的地区称为北极地区,大家都知道,北极地区是非常寒冷的,温度常年处于零度以下,那怎么会存在不冻港呢?但的确存在,它就是俄罗斯的摩尔曼斯克港。

摩尔曼斯克港,位于北纬 68 度 53 分,地处北极圈内的北冰洋沿岸的巴伦支海南岸。处于这一纬度的地区,常年受极地海洋气团和极地大陆气团控制,全年皆冬,最低气温可达零下 60℃ 左右,一年中只有 1 个月或 4 个月的月均气温在 0℃~10℃,海水冰冻,陆地多为永久冻土带。然而令人惊奇的是,摩尔曼斯克却不同,海面常年不封冻,成为俄罗斯在北冰洋沿岸的不冻港,是俄罗斯重要的军港、渔港和商港。

这是为什么呢?原来,强大的北大西洋暖流的分支——北角暖流,把赤道附近的热水源(赤道暖流—墨西哥暖流—北大西洋暖流—挪威暖流—北角暖流)源源不断地输送到摩尔曼斯克港,起到了增温、湿润的作用,使之成为北极圈内的不冻港。

261. 历史上著名的亚历山大港是什么样子?

亚历山大港位于埃及亚历山大城的西部,北临地中海,距首都开罗180千米,是一座历史悠久的名港。它建于2300多年前,是以赫赫有名的亚历山大大帝的名字命名的。

亚历山大港

刚建成时的亚历山大港就是一座繁华的名港。由于当时的埃及是地中海沿岸的最大粮仓,亚历山大港自然就成了这个粮仓出口的大门,为了适应当时贸易集散和东西方文化等交流的需要,亚历山大大帝曾下令在港口修建了一条长约1850米的防波大堤,把距城北约2000米的位于海中的法罗斯岛同亚历山大港北边的大陆连接起来,形成了东西两个良好的港湾,供船舶

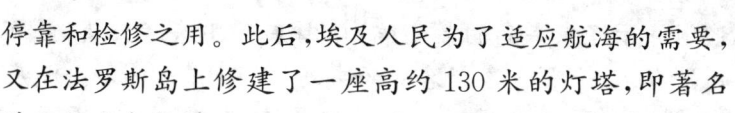

海洋工程

停靠和检修之用。此后,埃及人民为了适应航海的需要,又在法罗斯岛上修建了一座高约130米的灯塔,即著名的亚历山大灯塔。

亚历山大港,作为一个重要的港口,一直成为军事家关注的要点。它是埃及首都开罗的北方门户,是连接非、亚、欧三大洲的海上交通枢纽,其战略位置十分重要,历来为兵家必争之地。亚历山大港不仅记载着它的兴建史,也记载着近代的战争史。在第一次世界大战中,亚历山大港曾是协约国在地中海本部的主要海军基地。第二次世界大战期间,该港又成为英国重要的海军基地。

亚历山大港,这一饱经风霜的古老港口,今天已经建设成为埃及人民自己的最大港口和海军基地。埃及海军司令部就设在这个基地内,该基地也是埃及海军力量的主要基地。亚历山大港为优良的深水海港,由"T"字形半岛分成东、西两港。东港为渔港,西港为军港和商港。港内建有能停泊各种舰船的码头约90座,总长近2.6万米,岸壁码头水深达15米以上。该港的年吞吐量为2740万吨,占全国进出口物资的90%。军港内还建有3座干、浮船坞,码头总长约2000米。

该港具有典型的地中海气候,夏无酷暑,冬无严寒,四季花开,环境优美,是人们参观游览的极好地方。因此,亚历山大城又有埃及的夏都和第二首都的美称。

262. 有"东方第一要塞"美誉的军港是哪一个?

军港,就是专门为军事服务的港口。我国有一座有"东方第一要塞"美誉的军港,它就是与大连毗连的旅顺。

旅顺位于辽东半岛的最南端,与山东半岛遥遥相望,最近处仅有75千米。旅顺名称的来历,也颇有意思。旅顺原来叫作将军山,明太祖4年(公元1317年),为了平定这一带的元朝残余势力,皇帝派遣马云、叶旺两位将军带兵从山东渡海来到这里,一路平安到达,于是借旅途平顺之意,将这里改为"旅顺"。旅顺港内水域开阔,水深平均6米,可停泊多艘军舰船只。冬季的平均气温10℃左右,是我国北方著名的不冻港,战略地位十分重要。

旅顺扼渤海的咽喉,素有京津门户之称。鉴于它的战略地位和易守难攻的地形,从1880年,清朝政府开始在这里建立了船坞、炮台、仓库等重要军事设施,作为北洋军队的海军基地。到甲午战争前夕,经过十几年的不断建设,旅顺成为当时世界五大军港之一,有人称它为"东方第一要塞"。但由于清朝政府的腐败无能和海防观念的落后,旅顺港并没有真正起到保护国土的作用。随着甲午海战的失败,旅顺也落入了帝国主义的手中。新中国成立以后,于1955年正式收回旅顺。至今40余年来,经过不断建设,旅顺在捍卫领土主权、维护海洋权益和维护社会稳定方面发挥着越来越重要的作用。

263. 美国在太平洋最重要的军港是哪一个?

在太平洋中部夏威夷群岛中的瓦胡岛南岸,美国夏威夷州首府檀香山以西 10 千米,有一座世界闻名的海港——珍珠港。提到它,大家肯定不会陌生——赫赫有名的"珍珠港事件"就是发生在这里。相传此地从前盛产带珍珠的贝类,该港因此而得名。珍珠港适合航行的水域有 25.9 平方千米,水深 16 米至 20 米。海湾分为东部湾、中部湾和西部湾 3 个部分,锚地开阔,中间有福特岛。海湾呈鸟足状展向内陆,仅有一条长 4.5 海里、宽 160 米的海峡与太平洋相联。这种地形便于驻地的海军控制太平洋中部地区,战略地位十分重要。

珍珠港原属夏威夷王国。1898 年,美国吞并了夏威夷。此后,美国开始在珍珠港建立舰艇修理厂、干船坞、燃料供应站、码头和其他海军设施。1959 年,美国宣布夏威夷为美

珍珠港

国领土后,又在珍珠港增建了潜艇驻泊基地和训练设施,修建了机场和供海军飞机起降的各种设施。

现在的珍珠港可是一座功能齐全的现代化大型军港,也是美国的一个重要的海军基地。现驻有官兵及其家属 4.48 万人。美国太平洋驻军各司令部都设在这里。

美国海军有40多艘战舰以该港为母港,其中包括19艘核潜艇、1艘导弹巡洋舰、4艘驱逐舰、9艘导弹护卫舰。驻在该基地的还有海军航空兵部队、海军陆战队、后勤保障部队,设有潜艇船员训练中心。此外,基地还办有两所小学和两所中学。

264. 美国在远东地区最大的军港是哪一个?

横须贺位于东京湾入口的西南岸、本州南部,北距东京65千米,面积96平方千米,人口43万。横须贺是日本海上自卫队的主要海军基地,也是美国设在远东最大、功能最全的海军基地。

横须贺军港

第二次世界大战后,美军接收横须贺港作为永久性的军事基地,并对港口及码头设施进行了几次大规模改建和扩建。美国第七舰队一直用这个军港进行训练、补给、修理船只和人员休整。侵朝战争时期,美国远东司令部就是利用这个基地保障美军的侵略行动。越战中,美国海军各种舰艇经常在此进出。横须贺军港现在也是日本设备最完善、规模最大的军港,现为日美共同使用,是日本海上自卫舰队司令部所在地,也是美国驻日海军司令部、美国第七舰队司令部所在地。

横须贺港口由横须贺、长浦、深浦、浦贺等港湾及东京湾西南岸水域组成。港口周围为低丘环抱,地势险要,地形隐蔽,交通方便,有铁路和公路直达各港。港境水区及岸上设施所占面积约69平方千米,一般水深7米~10米,码头总长约19千米,共有19个泊位,海军基地按其容量能保障300艘大型舰船同时驻泊。

横须贺的修船业发展迅速,横须贺的工业即以修船业为主。对美国第七舰队来说,横须贺基地的重要价值就是它的海军修船厂能修理各种舰艇。横须贺作为航空母舰基地,还有一个得天独厚的好条件,那就是距航母停泊港口不远有厚木机场可供使用。美国海军极为重视横须贺基地在西太平洋战略中所起的作用,"中途岛号"是美国海军唯一以海外基地为母港的航空母舰。

265. 俄罗斯太平洋舰队最大的军港是哪一个?

符拉迪沃斯托克位于俄罗斯联邦滨海边疆区穆腊维耶夫—阿穆尔斯基半岛南端的金角湾内,是俄罗斯海军太平洋舰队最大的基地。

符拉迪沃斯托克原属中国,元朝时称"永明城",传统名称为海参崴。"崴",在汉语中的意思是山水弯曲的地方。1860年,帝俄以武力侵占

符拉迪沃斯托克军港

了海参崴,同年,与清政府签订了不平等的《北京条约》。清政府被迫将包括海参崴在内的大块中国领土,割让给

了俄国。后来,帝俄将海参崴改名为符拉迪沃斯托克,俄语的意思为"控制东方"。1862年,帝俄开始在这里建设港口。

符拉迪沃斯托克依山临海,长约30千米,平均宽约12千米。这里地处中、朝、俄三国边界附近,距中俄边界16千米,距朝鲜160千米,有"太平洋的门户"之称,战略地位十分重要。符拉迪沃斯托克是俄罗斯远东地区太平洋舰队司令部的所在地。符拉迪沃斯托克港的东、西、北三面,群山环抱,港内水深浪静,南面有俄罗斯岛作屏障,十分隐蔽。该港分为军港和商港两个部分。军港部分的水域,东西长约4千米,宽600米至1000米,水深10米至24米。每年的11月至次年3月,是港口的结冰期(冰层厚度不到1米),在此期间,舰船须借助破冰船才能航行。俄罗斯海军在这里可驻泊航空母舰、巡洋舰、驱逐舰、潜艇以及其他小型舰艇,还驻有海军陆战队和海军航空兵部队。

符拉迪沃斯托克军港设备完善,现代化程度很高。军港分为作战舰艇驻泊区、补给区和修理区。在修理区有造船厂、修船厂和武备厂,还有浮船坞、干船坞和各种起重设备,具有较强的修船能力。补给区内设有导弹库、水鱼雷库、弹药库、技术区、蓄水池和后勤物资供应站,装有数台固定式陆用吊车。补给区水域可同时停泊30多艘各类型舰船,作战舰艇驻泊区则比较宽阔,可以停泊包括航空母舰在内的几十艘舰艇。

海洋工程

旅游方兴未艾

266. 世界上海洋旅游的航线主要有哪些?

海洋旅游是世界上兴起最早的旅游活动之一,至今已经成为国际旅游的主要趋势之一。1998年"国际海洋年"过后,全世界更加关注海洋,这势必将推进海洋旅游业的进一步发展。

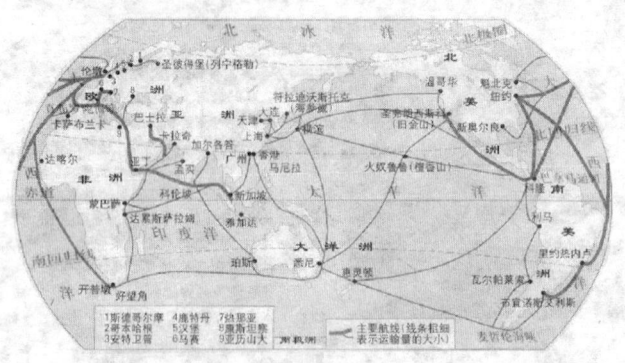

世界主要海港和航线

目前,全世界海洋旅游的主要旅游航线有6条:①太平洋旅游航线,包括北太平洋旅游航线,从太平洋东岸的美国和加拿大到太平洋西岸的中国、韩国、日本等国家和地区;中太平洋旅游航线,从北美洲西岸经夏威夷到日本、韩国、中国和东南亚;南太平洋旅游航线,从北美洲经新西兰、澳大利亚到印度尼西亚。②印度洋旅游航线,包括亚欧旅游航线,由亚洲各个旅游港口经马六甲海峡、印度洋、红海、苏伊士运河、地中海、直布罗陀海峡至欧洲各旅游港口;波斯湾对外旅游航线,东去日本,西绕好望角到欧洲和美洲各国。③北大西洋旅游航线,是欧洲和北美洲之间的旅游航线。④南大西洋旅游航线,由西欧经西非至南美洲东岸的旅游航线。⑤南北美旅游航线,从北美洲通往加勒比海和南美洲各个国家和地区的旅游航线。⑥非洲旅游航线,是亚洲和欧洲之间途经好望角的旅游航线。

267. 世界上主要的旅游海港城市有哪些?

目前,世界上主要的旅游海港城市有40多个,它们是:亚洲的上海、青岛、大连、香港、新加坡、孟买、加尔各答、科伦坡、亚丁、济州、横滨、大阪、卡拉奇、海参崴等地区。非洲的亚历山大、塞得港、达累斯萨拉姆、开普敦、达喀尔、达尔贝达等地区。欧洲的伦敦、利物浦、马赛、热那亚、安特卫普、鹿特丹、汉堡、哥本哈根、斯德哥尔摩、圣彼得堡等地区。大洋洲的珀斯、悉尼、惠灵顿、火奴鲁鲁(檀香山)等地区。南美洲的布宜诺斯艾利斯、里约热内卢、瓦尔帕莱索、利马、科隆等地区。北美洲的纽约、圣弗朗西斯科(旧金山)、温哥华、魁北克等地区。

268. 我国的海洋旅游业应如何发展?

海洋旅游业应该如何开展?有人提出了"观光、赏古、度假、娱乐"的发展思路,大力开展传统海洋旅游项目,并围绕"岛、滩、钓"三个方面重点开展形式新颖、有影响力和吸引力的旅游项目,带动第三产业的发展,以达到旅游兴岛、兴省和兴国的战略目的。但是,发展过程中必须坚持保护与开发相结合的原则,如果我们不注意保护海洋,一味地兴建旅游设施,一定会破坏海洋的生态环境。到那时,美丽的海洋就会变得面目全非,还有什么值得去看、去玩的呢?

美丽的海滨城市——厦门

我国海域广阔,北起渤海,南至南海,大陆海岸线长18000多千米,还有星罗棋布的大小岛屿,这些都是开发海洋旅游业的黄金地带。国家已经先后批准了11个国家级旅游度假区,其中就有6个海滨风景区。据统计,目前全国沿海省、市、自治区的滨海旅游景点有近400个,可见我国海洋旅游业的发展前景是极其美好的。

269. 世界上最大的游船是哪一艘?

世界上最大的游船是皇家马德里油轮总公司的新"漂浮之城"——"海洋绿洲号",它的存在使得昔日最大的泰坦尼克变身为一个玩具浴缸。"海洋绿洲号"被誉为海洋上的建筑奇迹,它拥有16个甲板,载重量可达225282吨。它的双人客房可容纳客人5400人,同时它的特等客舱可容纳2700名游客。游轮共分7个区域,分别是:中央公园、海滨小道、皇室舞会、游泳池和运动区域、海洋 SPA 活力会馆、健身中心、娱乐场所和青春地带。

"海洋绿洲号"

270. 世界上最豪华的海上游艇是哪一艘?

社会名流常以拥有装饰豪华的游艇和帆船来显示其显赫的权势和地位。俄罗斯首富、英国切尔西足球俱乐部老板罗曼·阿布拉莫维奇拥有世界上最大、最豪华的私人游艇。他的一艘名为"日蚀"的游艇,花费了3.4亿欧元(约人民币34亿元),由德国汉堡造船厂为其量身定造,于2009年6月下水。据德国媒体透露,该游艇每年的保养费用将达到2500万~3000万欧元(约合人民币2亿~3亿元)。

这艘长约170米,排水量1.3万吨的游艇是阿布拉莫维奇为了观看2010年南非世界杯特地打造的。游艇航程超过6500海里,能不加油从伦敦航行到南非开普敦。它配有2个豪华游泳池、1个水疗(SPA)室、2个直升机停机坪、20辆水上摩托、4艘小观光游艇、3艘汽艇游艇。游艇还专门设有电影院、迪斯科厅以及水族馆各一个。此外,游艇上还装备了导弹防御系统,在游艇的主人套房外安有装甲钢板,所有房间窗户都安装防弹玻璃。

你们看,这已不仅仅是一座游艇了,它简直就是一座戒备森严、设施齐全的小城堡!

271. 参加过第二次世界大战的游船是哪一艘?

游船还能参加世界大战?这到底是怎么回事?原来,在第二次世界大战期间,西班牙一艘名叫"利安普号"(该船建于1937年,主要由费利佩和埃莱娜·德博尔冯公主使用)的快艇,曾被英国编入反潜护航船队,多次执行任务,并有"美丽功勋舰"之称。尽管"利安普号"已有半个多世纪的船龄,有人称之为"古船",但装修一新后,其豪华气派仍令人赞不绝口。

272. 未来的豪华游轮是个什么样子?

未来的游船上有高尔夫球场、跑道、五星级饭店,尽显豪华气派,这些船就像漂浮在水面上的大型帽子盒。为迎接新一轮的豪华竞争,欧洲的一些造船厂正在建造超级游船。

如今,水上消遣越来越受到人们的青睐。现在大约有250艘豪华游船在格陵兰岛和南极之间游弋,它们靠豪华的住所、有风味特色的饮食,以及健身房和高尔夫球场招徕客人。

为了更好地运输日益增多的游客,美国3个大型轮船租赁公司定购的豪华游轮,每艘游船的总吨位大约为8万吨,远远超过了昔日的"泰坦尼克号"(4.5万吨)。在挪威的克万内尔附近,造船厂正在制造"鹰号"巨轮,这艘总吨位为13.6万吨的巨轮相当于一艘航空母舰,它的建成将开创游船的吉尼斯纪录。也许有一天,你也会乘坐上这些豪华游轮,到世界各地一游呢。

273. 美国为什么要在珍珠港修建"亚利桑那"纪念馆？

一提起珍珠港，人们一定不会忘记 1941 年 12 月 8 日凌晨，珍珠港遭到了日本飞机的野蛮空袭，并从此爆发了太平洋战争。日军在这次偷袭中，以损失飞机 29 架、潜艇 6 艘、飞行员 55 人的微小代价，取得了击沉击伤美国战列舰 8 艘、巡洋舰 8 艘、驱逐

舰 2 艘及其他舰船共 40 余艘，击毁飞机 260 多架，炸死炸伤美军官兵 3587 人的巨大战果，制造了震惊世界的"珍珠港事件"。

第二次世界大战以后，美国当局为了纪念"珍珠港事件"，于 1950 年在当年被日军炸沉的最大主力舰"亚利桑那号"主甲板上方修建了一个临时纪念馆。1958 年，美国国会又决定在"亚利桑那号"遗址上修建永久性纪念馆。新的纪念馆于 1962 年落成，这是一座白色枕形建筑，馆内陈列着当年阵亡将士名单，挂有各种图片、实物。馆内至今仍在印刷发行当年的报纸，以教育后人不忘这悲惨的一日。纪念馆向国内外游人开放，每年都有成千上万的游客前往参观。

274. 最负盛名的海上军事博物馆是哪一座？

世界上有很多国家为向公众普及国防军事知识，建立了众多海上军事博物馆。而退役军舰在这些博物馆中

正好可以"一展风姿,大显身手"。

这类海上博物馆以美国为最多,其中最负盛名的当属位于纽约曼哈顿地区的由退役航空母舰"勇猛号"改建而成的博物馆。"勇猛号"航空母舰属"埃克斯"级,建造于1941年,1943年服役,排水量3.6万吨,曾参加过莱特湾海战、冲绳海战等一系列著名的战役。当"勇猛号"于20世纪80年代初退役以后,美国有关方面将它改建成集航海、航空和航天为一体的综

青岛海军博物馆

合性海上博物馆,停泊在哈得逊河畔的第85号码头,供人们参观游览。"勇猛号"的甲板上陈列有几十架各式各样的飞机,内部还有展示航海史、海军航空兵史和航天史的多个展览厅。退役的"勇猛号"航空母舰现已成为纽约市的一个著名旅游景点。

我国也于20世纪80年代中期在美丽的海滨城市青岛建立了全国第一个正规的海军博物馆,馆内停泊有包括"鞍山号"和"长春号"导弹驱逐舰、"鹰潭号"防空导弹护卫舰及"03型"常规鱼雷潜艇在内的我人民海军的多艘退役舰艇,深受广大游客特别是青少年朋友的喜爱。另外,我国还拥有一座由航空母舰改建而成的海上军事博物馆,它位于深圳,由我国购买的俄罗斯退役航空母舰"明斯克号"改建而成。

275. 亚洲最大的海底世界建在哪里？

新加坡地势平坦，最高点海拔 170 米，属于热带雨林气候，是"终年是夏，一雨知秋"的宝地，也因此赢来"花园城市"的美誉。

新加坡首屈一指的旅游胜地——圣淘沙岛是游客必到的度假之处。岛上拥有珊瑚馆、海事博物馆、蝴蝶园、昆虫馆、新加坡先驱人物蜡像馆、奇石博物馆、幻想

海底世界

之兰花公园、龙门和巨龙踪迹，还有炮台、音乐喷泉及具有亚洲各国风土民情的亚洲村等。最值得一提的是规模居亚洲之首的新加坡海底世界，它最大的特色就是在水槽中有一条可供游客进入的隧道，透过隧道的玻璃纤维罩，人们可以尽情观赏来自马尔代夫、印度尼西亚和南中国海等水域的 4000 多条海鱼及各种罕见的海底生物，感觉自己好像穿梭在大海的鱼群中。

276. 世界最早的水族馆在哪里？

1853 年，英国伦敦里京特公园在供作温室用的建筑物内建起了世界上第一座水族馆——鱼类馆。15 年后，世界上陆续出现了供公众观赏的水族馆。1882 年 9 月 20 日，日本东京上野动物园的"观鱼馆"公开向公众展出，这是日本最早的水族馆。1929 年，美国建成了芝加哥水

族馆,以其规模巨大而著称。

277. 哪个水族馆被称为"世界第六大洋"?

我们都知道世界上有四大洋,即太平洋、大西洋、印度洋、北冰洋,从海洋学角度来看,还有"南大洋"即太平洋、大西洋、印度洋在南极洲附近连成一片的海域。你可听说过世界第六大洋吗?大名鼎鼎的迪尼斯乐园你一定知道吧。如今,迪尼斯世界的一座新的旅游胜地已经对公众开放,它就是位于佛罗里达州奥兰多市的爱泼考特中心的"活海"。迪尼斯先生把它称作"世界第六大洋"。"活海"直径203英尺(1英尺=0.3048米),深27英尺,可容纳550万加仑(英制,1加仑=4.546升)以上的海水,它可是世界上最大的水族馆。在它之前保持世界之最的水族馆是美国巴尔的摩市的国家水族馆,它只能容水120万加仑,仅有5000多种海洋生物,而"活海"则有6500多种,而且数目还在不断增加。迪尼斯先生的"大洋"真是可以和真的大洋相媲美。

278. 美国最古老的水族馆是哪一个?

美国最古老的水族馆,就是华盛顿哥伦比亚特区国立水族馆。该馆始建于1873年,距今已有100多年的历史了,是世界上最古老的水族馆之一。你知道它建在哪儿吗?它就建在美国首都华盛顿商业部大楼的地下室,距离白宫只有两栋房子之隔。

从外观上看,这个最古老的水族馆一点也不起眼,但里面却是另一番天地。进入水族馆以后,展现在人们面前的是一望无际的海洋世界和海洋绿洲,你会犹如哥伦布发现新大陆那样喜出望外。品种繁多的鱼类有噬人鲨、夏威夷礁石鱼、南美的黑比拉鱼和非洲的肺鱼等1200个品种。为了教学的需要,水族馆内还设有教育中心、幻灯放映室和"手摸水箱"等设施。每年有10万名中小学生来水族馆参观和学习,他们在游览中大开眼界,从中学到了许多有用的知识。

279. 美国的蒙特雷海洋水族馆有什么特点?

在美国的加利福尼亚州,正在建造一座具有槽中槽结构的海洋水族馆——蒙特雷海洋水族馆。它的外槽已于1996年2月对游客开放,但游客还不能看到馆的全部,因为它的深海部分还在建设当中。

在这座海洋水族馆里,各种珍贵稀有鱼种应有尽有。如莫拉鱼、黄鳍金枪鱼、太平洋的东方狐鲣、翅鲨等。其中的莫拉鱼,又名翻车鱼,在美洲沿海早已绝迹;但在馆中,这些鱼已长到3米多长,重达1吨多,性情温顺,能从管理人员手中吃东西。还有黄鳍金枪鱼,也是首次在美国露面;它是世界上唯一的热血鱼种,其游泳速度可达每小时60多千米。

建造这座海洋水族馆,共耗资570万美元。其结构奇特,采用了槽中槽结构。一个圆形的玻璃槽置于一个大的矩形混凝土凹槽内,用拱肋支撑着。它的形状好像一只船壳。内槽长达28米,宽16米,深10米,能容纳100万加仑(英制,1加仑＝4.546升)海水。在一端的壁上,贴了几百万块小正方形蓝色玻璃块,在光的照射下,看起来就和蓝色的大海一样。外槽注进了12万加仑的水,支撑着薄壁的内槽,形成了槽中槽。在这座海洋水族馆的正面,有一个特别大的窗子,也堪称世界之最。这个大窗子由日本一家公司用聚丙烯制造,重40吨,制成后,共分5块运往美国,在现场组装黏合到一起。你知道吗,仅这个窗子,就花了180万美元呢。

280. 台湾第一座海事博物馆有什么特点?

台湾长荣海事博物馆展示模型

我国的宝岛台湾有一座著名的"海事博物馆",它于1990年6月在淡江大学的校园里正式开放。其外形仿照商船结构,楼高5层,通体为白色,占地面积2000多平方米。馆里一二层展厅陈列了近50艘按原形比例缩小的模型船,每艘船的造价都在4万美元左右。这些模型分别代表了自15世纪以来航海史的各个时期,象征现代科技革命的超导体电磁推进船模型也在陈列之中。整个海事博物馆造型美观、布局合理,具有旅游和学术研究的双重价值。

281. 世界著名的摩纳哥海洋博物馆有什么特点?

大家都知道,摩纳哥是世界上最小的国家之一,可摩纳哥的海洋博物馆却出奇的大,是世界上最早也是最大的海洋博物馆之一。这座博物馆建在濒临地中海的一处悬崖上,用白色的石头建成,高87米,长100米,连同地下室共3层。该博物馆于20世纪初筹建,

摩纳哥海洋博物馆

1910年开放。博物馆分为海洋生物陈列厅、海洋器具陈列厅、海洋物理和海洋化学陈列厅、实用海洋陈列厅和水族陈列室及海船模型陈列室等。

摩纳哥海洋博物馆还因为1957年世界著名的潜水专家库斯托院士被委任为馆长而更加出名。

282. 你知道美国冲浪博物馆吗?

海洋博物馆真是多种多样,美国有一座冲浪博物馆,它位于加利福尼亚洲圣克鲁斯。这里水深浪急,无风时也有十几英尺(1英尺=0.3048米)高的海浪。该博物馆内备有展现冲浪行家们表演冲浪技艺的录像带、家庭电影、各式泳装、冲浪音乐磁带和各式各样的冲浪板,游客还可以在教练的指导下,亲自体验冲浪所带来的刺激与乐趣呢。

283. 亚洲最大的海上游乐场在哪里?

号称"亚洲最大游乐场"的香港海洋公园,坐落在香港仔黄竹坑南朗山,占地面积73万平方米,于1977年建

成,耗资1.5亿港元。整个海洋公园由南朗山顶公园区和黄竹坑低地公园区组成;园内的娱乐设施和游览项目很多,其中海洋剧场是最引人的地方。

香港海洋公园

海洋剧场的看台上总是座无虚席。鲸、海狮等表演完毕,就是压轴好戏——海豚表演了。一条大海豚带着几条小海豚从幕后(小池)游出,通过闸门呼啦啦地冲进前台(大池);顿时,碧池劈开一条白花花的水路,泛起波澜,荡起涟漪,吸引着千百双惊喜的目光。海豚在教练员的指挥和示意下,合着音乐的节拍做着各种有趣的动作。海豚能表演的项目可多了:"空中钻圈"、"传球接圈"、"唱歌"、"跨栏"、"水上救人"……

到香港,可千万别忘了去海洋公园看一看!

284. 中国最早的水族馆在哪里?

我国最早的水族馆坐落在风景优美、海洋资源丰富、气候凉爽宜人的海滨城市——青岛。

青岛水族馆建馆已有近80多年的历史。1930年秋,中国科学社的蔡元培、杨杏佛等科学家提出筹建青岛水族馆的建议。经多方呼吁,青岛水族馆以中国海洋所的名义筹建成功,蒋丙然为第一任馆长。水族馆占地10余亩(1亩=666.7平方米),主要建筑的造型为中国古城垣

海洋工程

式,4层。建成时内设标本室3间,活动海水玻璃展览鱼池18个,露天鱼池2个,以及研究室、陈列室、贮水塔等。1932年2月青岛水族馆竣工,1955年更名为青岛海产博物馆。青岛水族馆虽几度沧桑,但它始终以古朴的建筑风格和丰富的展览内容吸引着人们,它在普及海洋知识和提高民族的海洋意识方面至今仍发挥着不小的作用。

当你一走进水族馆,就仿佛置身于海洋世界。一排排水槽、一个个水池向人们展现着各种海洋生物:穿梭游动的各种鱼类,有的银光闪闪,有的黑中透蓝,有的遍体条纹;晶莹透亮的水母甩着长长的"辫子"翩翩起舞;时刻准备逃跑的乌贼释放的墨汁酷似蘑菇云;生性高傲的梭子蟹口吐串串"珍珠",挥动着双钳向人们示威。活泼可爱的大海豹以及珍奇繁多的标本使人目不暇接、流连忘返。

青岛水族馆的二期工程青岛海底世界于2003年8月正式营业。海底世界主要由潮间带、海底隧道和地下四层观光建筑三大部分构成,展示部分完全在地下。潮间带长35米。海底隧道长86.2米,宽2.5米,隧道拱形玻璃的弧度采用180度的常规角度、254度大角度、360度圆柱水体及窗式玻璃等多种形式相结合的造型结构;行走在隧道中,便如同置身于海底,大大小小的鱼儿在身边游弋，还能看到人鲨共舞的场面。地下四层有高达7.6米，亚洲目前最大的单体圆柱展示水缸，展示一些珍贵的珊瑚礁生物。

285. 日本为什么要建造人工"小海洋"？

日本在海洋的开发和利用方面，总是走在世界的前列。那么，它在海洋旅游开发上又有哪些创举呢？

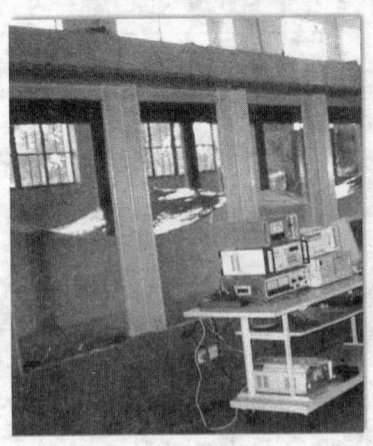

日本科学技术厅正在日本青赤县上北郡六所村建造人工"小海洋"，以模拟海洋物质的自然循环，其正式名称为"生态圈物质实验模拟设施"。"小海洋"将由再现海洋表层的海水池和两个大圆桶组成。在设计上，将给圆桶施加压力，造成和水深100米和几百米以下深海同样的环境；然后在水池内放入小型鱼、海洋生物和浮游生物，并使这些生物群间形成物质循环。建造这样的"小海洋"在世界上是首次，其目的是调查放射性物质在海洋中如何循环以及这种循环对生物的影响，日本科学厅希望这一设施建成后，能为调查俄罗斯向日本海投放的核废弃物所产生的影响发挥作用。同时，这又将是一个新的旅游胜地。

286. 举世无双的大阪"海洋世界"有什么与众不同之处？

日本大阪市为迎接1990年4月在该市开幕的"国际

花与绿博览会"及5月首次在亚洲召开的"第27届国际航运大阪大会",在大阪港的天宝山客船码头旁建成了宏伟的天宝山港口村。在这个港口村中,最引人注目的是海洋生物展览馆"海洋世界"。该馆内有一个作为浩瀚太平洋缩影的高达9米的大水槽,水容量约5400吨。以此为中心,周围配置了13个小水槽,其水容量从60吨到1200吨不等,合计水量为1.1万吨。这13个小水槽再现了太平洋沿岸13个富有特征的海洋环境及其代表生物。在这里,人们能够饱览从南极海到北冰洋的水域中生活的各种海洋生物,这在世界水族馆史上是绝无仅有的。

287. 你见过漂浮在海上的公园吗?

你也许到过各地的公园游玩,翠松苍柏、名花异草、珍禽异兽无不令人流连忘返。但你是否听说过海上公园呢?

大家都知道,日本是个面积狭小,人口拥挤的岛国,近年来它正不断加大海洋的开发力度。日本的清水建筑公司推出一项利用吊桥原理建造浮体式海上公园的方案。这个公园计划建造在沿海大城市附近水深30米至40米的平稳海域。方案中的海上公园是一个直径大约500米的巨大圆形建筑物,主要是文化教育设施。而两侧另建两个辅助性浮体式构筑物,作为游乐和疗养的场所。浮体之间用锚链连

接,利用一些简便的水上工具可以方便地来往。

这种海上公园既可以是开展教育事业、进行休闲疗养的场所,又可当做地震等灾害发生时的紧急避难所。

288. 你想去海底观光旅游吗?

海底观光是最新发展起来的一种海洋旅游活动。海底世界的丰富多彩及奥妙无穷引起了人们的极大兴趣,随着科学技术的进步,人们潜入水中亲眼目睹海底世界的梦想早已成为现实。自1964年瑞士建造第一艘旅游潜艇下水后,旅游潜艇的营运已遍布全球,每年大约向200万游客提供观赏海底的机会。

瓦努阿图——世界唯一的水下邮局

根据目前世界各地对海洋的开发利用,人们推测,不久将来在世界范围内将出现海底旅游热。海底旅游不但能在增加人们对海底的了解,普及海底科学知识方面发挥重大作用,而且通过海底旅游,一定会有一大批有志于海底研究开发事业的人,尤其是青少年们,加入到这一艰苦而光荣的行列中来,用他们的知识、智慧和献身精神,铸造出打开神秘海底大门的钥匙。

289. 海底观光旅游的形式有哪些?

海底旅游目前主要分布在热带、亚热带浅海区,有潜水式、潜艇式和水宫式三种形式。马尔代夫、印度尼西亚、牙买加都是美丽的岛国,他们充分开发和利用了本国海底的美景。在那里,游客可以穿上潜水服,在水深10米~20米的海底漫游珊瑚林,欣赏热带鱼。人鱼共乐,真是其乐无穷。潜艇式就是乘坐潜艇下沉海中,通过透明的舷窗,欣赏海底风光。法国有一艘底部透明的探海潜球,可容纳28名游客,游客自上而下通过透明的底部俯视,海中美景尽收眼底。水宫式就是在海底建造专供海底游客使用的海底餐厅、海底旅馆、海底音乐厅,让游客吃住玩都置身于海底之中,优哉游哉,真不知是在人间还是在龙宫。

潜水旅游

旅游公司开发的海底观光的项目也越来越多。法国马提尼岛的圣皮埃尔在20世纪初曾是一个美丽和富饶的城市,有安得列斯群岛上的"小巴黎"的美称。然而,1902年5月8日那一天,位于圣皮埃尔港的培雷火山突然猛烈喷发,在短短的几分钟里,就摧毁了整个圣皮埃尔市。火山喷发使2万居民丧命,港湾的10余艘巨轮也葬身海底。这些长眠在水下50米至100米处的沉船残骸,如今竟成了加勒比海中最完整的海底公墓。每年都有成千上万的旅游者,乘坐豪华的旅游潜艇到海底去游览考古。以色列正在地中海海底建一座海底公园,以吸引人们去观光旅游。

290. 海底观光旅游船有哪几种类型？

乘坐水下观光船是广大旅游者漫游海底世界最好的方式。许多发达国家，如日本、英国等已经拥有多种型号的水下观光船，这些水下观光船大体上主要有两种类型：

一种是全潜式水下观光船，也叫旅游潜艇、潜水游艇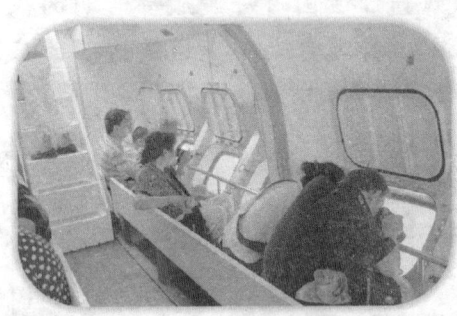及水下游船等，能带着旅客下潜至几十米至上百米的地方。载客量由十几人到五十几人不等。由于这种船需要承受较大的水压，所以耐压壳体通常采用圆

海底观光船

筒形，两端加半球形或碟形封头。观察窗为圆形，为了使游客看清楚深水景物还配有水下照明灯。舱内为密封空间，配有空气净化和再生装置。由于驾驶员在水下视距有限，潜艇还配有声呐导航设备。为了旅客安全还设计了一系列应急措施，如透明观察窗加钢质水密盖、释放带电话的信号浮标、抛弃固体压载等。

另一种是半潜式水下观光船，这种船的吃水线基本不变，水下观光舱（下舱）一直浸泡在水中。由于承受压力极小，观察窗可设计得很大，甚至是长方形，观景视野开阔。一般不配水下照明灯，依靠自然光，景物更为逼真。两舷配有足够的浮力舱，即使观察窗破损，下舱的水也只能淹到旅客胸部。动力与普通水面船一样，用柴油

机带螺旋桨,螺旋桨后有普通板形舵。半潜式水下观光船虽然不能潜至深水观景,但只要选择好适当浅水风景区同样能达到较好的观赏效果。而且它造价低,仅为同样载客量水面船造价的1倍~1.5倍,且建造周期短。我国广西北海市1992年10月向澳大利亚购买了一艘名为"龙宫"的水下半潜式观光船,已用于观赏涠洲岛水域的海底珊瑚。

291. 第一艘旅游潜艇是哪一年建造的?

自从有了潜艇作为交通工具以后,世界深海旅游也逐渐发展起来了,海底龙宫正吸引着越来越多的观光者。

世界上第一艘旅游潜艇是1964年由瑞士国家展览馆建造的,可乘坐40人,下潜深度610米,名为"奥古斯特·皮卡德号"。下水仅16个月,该潜艇就把3200名游客带到了莱芒湖湖底游览。

1984年,英国的不列颠哥伦比亚阿特兰蒂斯国际游艇公司建造了一艘定员28人的旅游潜艇,名叫"阿特兰蒂斯I号",在大开曼岛近海游览。这种旅游潜艇外壳用的都是丙烯酸塑料,它耐压,重量轻。潜艇内设酒吧和餐厅,并与水下旅馆相连接,还有礼品商店、快餐部呢。

292. "玛利亚I"号能把旅客带到多深的海底旅游?

位于太平洋马里亚纳群岛的塞班岛,深海旅游业较为发达。为此而建造的"玛利亚I"号水下观光游览艇,长为18.2米,宽3.75米,高35米,航速每小时2海里。它能把游客带到75米深的海洋中。

这艘水下游览艇是在日本以南的太平洋上作定期航行游览。游艇每次可载46名游客,游人可以通过艇上众多的舷窗饱览海洋深处的美丽景色。在功率强大的聚光灯照射下,游客可以清楚地观赏海洋里的植物群和动物群,仿佛置身于神话世界。艇上还有一种特殊装置,可以从船内向外喷洒诱鱼的饵料,鱼群闻到味后,会尾随而来,为游人增添无穷的乐趣。

293. 在我国能体验海底旅游吗?

我国目前正在大力发展海底旅游业。我国规模最大的潜水旅游度假中心已经在海南岛三亚市的神岛建成开业。那里海水温度常年温暖,海水透明度极好,游客可在这度假中心尝试"蛙人"的生活,乘坐潜艇游弋南海,还可以在水下餐厅、

海南三亚亚龙湾

水下游乐厅内,口尝佳肴、耳听神乐、眼观千姿百态的海洋水族,真是令人心旷神怡、飘然若仙。在我国广东电白南面的放鸡岛,有我国第一座海底潜水旅游点。放鸡岛面积1.9平方千米,沿岸水深6米~12米,海水明澈见底,是业余潜水训练的好去处。它将成为我国普及潜水运动的基地,为我国广阔的海洋造就一大批海底探索者。

我国除了在沿海大力发展海底旅游外,还在内陆湖泊水库积极修建水下游乐场所,如中日合作在北京十三陵水库修建的"水下龙宫"。龙宫建在水库西南10米以下水中,进口为巨大龙头,仰首于水库西坝头。水下卧龙内设水晶宫和水族馆,辟有回廊观鱼、全景电影、水中芭蕾及美人鱼表演等,还有机器人模拟的龙王及虾兵蟹将。宫内还运用了先进的激光、音响设备,令游人有入水中仙境之感。

294. 世界上最冒险的旅游项目是什么?

提到比基尼岛,大家一定不会陌生。它是位于太平洋中属于马绍尔群岛共和国的一个岛屿,岛上居民祖祖辈辈过着牧歌式的自由生活,民风淳朴,素有"天堂"之称。但在第二次世界大战后期该岛被美国选为核试验基地,岛上的167名居民被骗到400海里外的基里岛,从此,饱受核爆炸摧残的比基尼岛"美貌"全无。

在世界舆论的强大压力下,美国于1969年铲除了岛上严重污染了的植被和表土,清除了岛上危险性的放射性钙层。昔日死鱼成片漂浮的海域重现生机,灰鲨悄然返回了家园繁衍,乌龟和螃蟹在岩礁浅滩也做起了巢穴,金枪鱼和鲭鱼又自由自在地游弋,棕榈树也重挂硕果。比基尼人意识到自己受到不公正的待遇,他们拿起武器,与美国政府整整打了17年的官司,最终赢得了美国政府的巨额赔款,滚滚金钱接踵而来。

1982年到1992年的10年间,美国为此付出了2.4亿美元的赔款,使比基尼人一跃成为百万富翁,岛民平均年薪达到 2000 美元。

比基尼岛人决心把打官司赢来的钱投资旅游开发。他们提出了一个大胆的计划：由于 1946 年在"十字街行动"核爆炸中被炸沉的舰群残骸依然还在，据称已成为世界上最为壮观的海底奇观，如果在此地建造一个潜水公园，将比基尼岛变成一个海底博物馆，必将吸引千千万万游客；这也许是世界上最冒险的旅游项目了。

海洋工程

无尽海洋能源

295. 什么是海洋能？

海洋不仅美丽广阔，有丰富的海洋生物资源、海洋化学资源和海洋矿产资源等，而且还蕴藏了巨大的海洋能源。那么，什么是海洋能呢？

海洋能不是指海底储存的煤、石油、天然气等海底能源资源，也不是溶于海水中的铀、镁、锂、重水等化学能源资源，而是指海洋自身呈现的自然能源，如大家比较熟悉的海洋中那汹涌的波涛和永不停息的潮汐能。

你知道海洋能的总量是多少吗？根据联合国教科文组织1981年的出版物刊载，估计海洋能总量为760亿千瓦，技术上允许利用功率为64亿千瓦。

海洋能源种类多多

296. 为什么要开发海洋能？

在21世纪的今天，以煤炭、石油、天然气等化学燃料为动力的工业文明飞速发展，人们在享受现代文明所创造的优越的物质生活的同时，能源和环境两大危机也不期而至，能源枯竭、环境污染已成为人类面临的严峻问题。

但是，人类不会坐等自己家园的毁灭，特别是在科学技术高度发达的今天，人类已经掌握了开发和使用新能源的技术，现在海洋能、太阳能、风能、地热能和氢能等5

种新能源正在成为人类的重要能量来源。

目前,尽管海洋能开发还存在着投资大、成本高、效益不佳等问题,但就发展趋势而言,海洋能将会成为21世纪的主要能源之一。这是因为海洋能可再生,作为新能源可以保证人类长期稳定的能源供应,而煤炭、石油天然气等常规能源是有限的,不可再生的。据调查统计,全世界已探明的可开采煤炭储量为15980亿吨,预计可再开采200年,石油储量3000亿吨,预计可再开采30~40年,天然气储量200亿立方米至300亿立方米,预计可再开采60年。这些常规能源总有耗尽之时,而且随着人类社会的飞速发展,能源消耗激增,这个问题会越来越严峻。在能源消费方面,中国已超过俄、日、德等国成为仅次于美国的当今世界第二大能源消费国,而预计到2025年,中国就将成为世界上最大的能源消费国了。再过50年,人类消费的能源中海洋能就会排在重要的位置上。

297. 海洋能有什么独特优势?

要想使用海洋能,就必须对它有一个正确的认识。你知道它的优势在哪里吗?首先,它不仅储量丰富,而且都属于"再生性资源"。它产生于太阳辐射或天体间的万有引力,所以只要大海不枯竭,太阳、月球等天体与地球共存,海水的潮汐、波浪和海流等运动就会周而复始、永不停息,海水受太阳照射产生的温差能就会再生,而且它是取之不尽、用之不竭的。与一般燃料不同,海洋能源是洁净能源,它的开发不会产生废水、废气、废料,对环境不会造成任何污染。尽管它也有能源分布不均和能量要素不稳定等问题,但这些都并不是绝对不能克服的问题,与危及人类生存的能源枯竭相比,这算是小巫见大巫了。

298. 海洋能的蕴藏量有多大?

海洋能主要包括海洋风能、温差能、潮汐能、波浪能、潮流能、海流能、盐差能等,可以说是非常巨大。科学家做过计算,就波浪能来说,大浪对1米长的海岸线所做的功,每年约有10万度,而对海岸的冲击力,每平方米可达20吨～30吨,最大的甚至能超过60吨,它可以把1700吨重的巨石搬走,把130吨重的岩石举起20米高。历史上曾发生过海洋巨大的波浪把重达8000吨的"阿瓦号"巨轮拦腰折断的事情。

据美国海洋学家威克和施米特的计算,世界海洋能的蕴藏总量高达760亿千瓦,仅海洋的波浪能就达700亿千瓦,每年发电量可达90万亿度。世界海洋潮汐能蕴藏量约有27亿千瓦,若用来发电,年发电量可达23万亿度。可转换为电能的海水温差能有20亿千瓦,海流能约0.5亿千瓦,盐差能为26亿千瓦。

299. 海洋能利用的经济效益怎样?

海洋能的利用目前还很昂贵,现在仅仅在严重缺乏能源的沿海地区(包括岛屿)把海洋能作为一种补充能源加以利用。这也许是目前海洋能利用还没有像传统的能源那样受到应有的重视的原因。以法国的朗斯潮汐电站为例,其单位千瓦装机投资按照1980年价格折合1500美元,远高出常规火电站。但我们不应仅看到这一点,因为在海洋能利用的过程中,还可获得其他综合效益。如潮汐电站的水库能兼顾水产养殖、交通运输;海洋热能转换装置获得的富含营养盐的深层海水,可用于发展渔业;开路循环系统能淡化海水和提取含有有用元素的卤水;大型波力发电装置可同时起到消波防浪,保护海港、海岸、海上建筑物和水产养殖场等的作用。所以,海洋能的开发利用一定具有非常光明的广阔前景。

300. 我国的海洋能资源有多少?

我国拥有18000千米的大陆海岸线,管辖的海域面积近300万平方千米。在我国大陆沿岸和海岛附近蕴藏着较丰富的海洋能资源,至今尚未得到应有的开发。

科学家们统计得出,我国沿岸和海岛附近的潮汐能量也相当可观,可开发利用量约2200万千瓦,年发电量约625亿度;波浪能可开发利用量约1285万千瓦;潮流能可供利用的约1000万千瓦;温差能可利用的约1.5亿千瓦;而我国沿岸盐差能资源蕴藏量约为1.25亿千瓦。

更有现实意义的是,这些资源的90%以上是分布在常规能源严重缺乏的华东沪浙闽沿岸。在浙闽沿岸,距电力负荷中心不远就有不少具有较好自然环境条件和较大开发价值的大中型潮汐电站站址。

301. 海洋潮汐的能量有多大?

潮汐所蕴藏的能量实在惊人。世界海洋潮汐能蕴藏量约为27亿千瓦,若转换成电能,每年发电量大约为23万亿度,比人类能源的总消耗还要大上千倍。潮汐发电就是利用海潮的潮差来推动水轮机转动,从而带动发电机发电。潮汐发电必须选择有利的海岸地形修建水库,涨潮时蓄水,落潮时利用势能发电。潮汐电站以河口、海湾为天然水库,不占用耕地,不像江河水电站那样受洪水或枯水的影响,不像火电厂那样会污染环境,是一种取之不尽、用之不竭的天然能源,只要我们善于利用,潮汐必将给人类带来莫大的利益。

302. 人们是怎样利用潮汐发电的?

海潮具有那么大的能量,人们又是如何把这些能量转化成电能的呢?原来,它是利用潮水涨落产生的水位差所具有的势能来发电的,也就是把海水涨潮、落潮的能

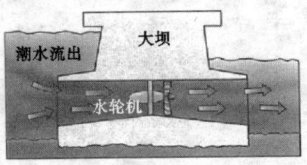

潮汐发电原理

量变为机械能,再把机械能转变为电能的过程。具体地说,潮汐发电一般是在潮汐发达、潮差较大、地质条件好的海湾或河口建造带闸门的拦水坝,将海湾或河口与海洋隔开构成水库,再在坝内或坝房安装水轮发电机组。当海水上涨时,大坝外水面升高,打开闸门,海水将向水库内流动,水流冲击水轮机带动发电机组发电;在海水最高潮后,大坝内外水面高度一致时关闭闸门。当海水下降时,打开另一个闸门,海水从水库内向外流动,又能推动水轮机并带动发电机继续发电。

303. 人类第一次使用潮汐发电是什么时候？

我们知道，1879年美国的爱迪生发明了白炽灯泡，开创了使用电能的新纪元，使人类利用能源的历史发展到了一个新的阶段。那么，人类第一次使用潮汐发电是什么时候呢？

利用潮汐发电已有将近90年的历史。1912年，在德国石勒苏益格——荷尔斯太因州的布苏姆，世界上第一座利用潮汐能发电的潮汐电站建成。第二次世界大战以后，随着经济的发展，能源资源的开发越来越成为人们关心而且迫切需要解决的问题，研究潮汐电站的国家也逐渐增多起来。

304. 世界潮汐能发电的现状如何？

近30多年来，在石油危机冲击下，一些海洋潮汐能资源丰富的国家都纷纷进行潮汐能发电的研究工作，开发应用技术也逐渐完善。在开发潮汐能源方面，法国算得上是首屈一指了。他们于1961年1月起，花了七年半的时间在朗斯河口建造了世界上最大的潮汐电站,开辟了人类利用潮汐能历史的新阶段。其装机容量为24万千瓦,年均发电量达到5.44亿度。

1968年原苏联巴伦支海建成的基斯诺潮汐电站,其总装机容量为800千瓦,年发电量为230万度。1984年加拿大在芬地湾建成安娜波利斯潮汐电站,其装备为一台容量为2万千瓦的新型全流浆式发电机组;在电站的水工建筑上除采用耐腐蚀的合金材料外,在表面上还涂有防腐、防污、防生物附着的涂层,并且增加了电解海水和阴极保护等措施。

俄罗斯还计划在梅津湾建一座功率为1000万千瓦的潮汐电站。美国和加拿大正联合在芬地湾建一座功率为600万千瓦的潮汐电站。英国也打算在塞文河口建一座功率为720万千瓦的潮汐电站。到2000年,全世界的潮汐电站的总功率已达3000万千瓦左右。

305. 令法国人骄傲的革命性建筑是什么?

1967年底,在大西洋英吉利海峡圣马洛湾的朗斯河口,法国一项耗时七年半的新工程竣工了。法国人向全世界宣称,说这是法国人建成的革命性工程。你知道这是什么样的革命性工程吗?原来,这是一座新型的发电站——朗斯潮汐电站。它是世界上最大的潮汐电站,开辟了人类利用潮汐能历史的新阶段。

朗斯河口最大潮差13.5米,潮流90千米/小时,自然条件优越,是建潮汐电站的理想地方。法国在此建造了一条长750米的拦潮大坝,把大海与海湾水库分隔开来。拦潮坝上330米的范围内安装了24台可逆式水轮发电机组,每台的功率1万千瓦,而且能自由旋转,在涨潮和落潮两个不同的水流方向都能发电,总功率为24万千瓦,一年的发电量为5.44亿度,占法国水力发电总量的一半,是迄今世界上最大的潮汐发电站。建站30多年来运转正常,让人们充分尝到了潮汐发电的甜头。

现在,法国又准备在圣马诺湾建一座更大的巨型潮汐发电站,他们准备在圣马诺湾2000平方千米的海面上建造3座拦潮坝,装配容量巨大的水轮机组,总功率为1200万千瓦,为朗斯电站的50倍,年发电量340亿度。

法国朗斯潮汐电站

306. 我国潮汐能发电的现状如何?

我们国家海岸线长达1.8万多千米,岛屿岸线长达1.4万多千米,蕴藏着极其丰富的海洋潮汐能源。据估计,如果把我国的潮汐资源利用起来,每年可以得到3000亿度的电,仅浙江一个省,就可以开发出227亿度的电力。这可是一笔巨大的财富。

中国也是世界上建造潮汐电站最多的国家之一,从20世纪50年代至70年代,我国先后建造了近50座潮汐电站,但据20世纪80年代初的统计,只有8个电站能正常运行发电。

我国海洋能开发已有40多年的历史。20世纪80年代以来，浙江、福建等地对若干个大中型潮汐电站，进行了考察、勘测、规划设计、可行性研究等大量的前期准备工作，已具备开发中型潮汐电站的技术条件。但是，现有潮汐电站整体规模和单位容量还很小，其中关键的问题是中型潮汐电站水轮发电机组技术问题没有完全解决，潮汐电站造价还是高于常规电站。

307. 中国最大的潮汐能电站是哪一座？

1985年，在浙江省温岭县乐清湾建成的江厦潮汐电站是我国最大的潮汐电站。它也是中国第一座单库双向潮汐电站，其规模在世界上仅次于法国的朗斯潮汐电站和加拿大的安娜波利斯潮汐电站，位居世界第三。该电站是由我国自己设计，全部设备也是自行开发的。

江厦潮汐电站

电站位于东海之滨的浙江省温岭境内乐清湾江厦港上。库容面积2平方千米，平均落差7.1米，最大潮差8.4米，机组为双向贯流式水轮发电机组，涨潮、落潮都发电。该电站共安装了5台发电机组，装机容量达3200千瓦，年发电量1100万度。

江厦电站的建成，为中国潮汐电站的建造提供了较全面的技术积累，同时也为潮汐电站的运行、管理和多种经营等积累了丰富的经验。

308. 我国开发潮汐能的前景怎样？

根据专家们的潮汐能资源调查统计，在我国，可开发装机容量大于200千瓦的坝址就有424处，年发电能力达623亿度。站址分布主要以福建和浙江最多，站址分别为79处和73处，其次是长江口北支（属上海和江苏）和辽宁、广东。仅浙江、福建和长江口北支的潮汐能资源年发电量为573.7亿瓦时，如能将其全部开发，相当于每年为这一地区提供2000多万吨标准煤。

在我国沿海特别是东南沿海，平均潮差4米～5米，最大潮差7米～8米，且站址自然环境条件优越。其中，已做过大量调查勘测、规划设计和可行性研究工作，具有近期开发价值和条件的中型潮汐电站站址，有福建的八尺门（33万千瓦，18亿度）和浙江的黄墩港（59万千瓦，18亿度）站址，发电能力都大大超过目前世界最大的法国朗斯电站。

309. 海洋风能有多大？

人类利用风车磨粉、车水已有100多年的历史。近几十年来，人们已利用风车带动小型发电机发电，现正在研制大型风机，利用这种类型的风机可发出强大的电力以满足人们的需要。

但是，在陆地上由于受到地形、地貌的影响，风的速度通常不是很稳定，发电机组一般需安装在峡谷的风口上。另外，风力发电机组的噪音也比较大，需远离居民区。在海上则不存在这些问题，它具有陆地上所没有的优势。

你一定会问，海洋风能有开发利用的价值吗？我们先来看看台风的能量到底有多大吧。据估算，一场台风在几小时内，就可以把25亿吨雨水携来携去，而这些仅仅是台风暴雨的一部分呢！假如台风的直径为800千米，它所释放出来的能量，相当于1760万个12.5万千瓦的水力发电厂的能量总和。当然，这仅仅是一次台风过程的能量，如果加上海上常年吹刮的风的能量，那就更惊人了。

可见，海洋风能具有非常广阔的开发前景。

海洋风能

310. 英国海上漂浮式风力发电机组是什么样的？

谁都知道，风力可用来发电，但风力涡轮机体积庞大，噪音大，尤其建在风力较强的滨海风景区实在不太雅观。英国伦敦弗洛特集团海上工程公司经多年研究，找到了解决这个问题的办法。他们研制成一种海上风力发电系统，把涡轮机移到海上，通过对该风力发电系统的发电机模型试验表明，它的发电能力为50万瓦。将这种风力发电机做成高出海面45米，叶片长30米，则发电能力可以达到1.4兆瓦。它还有一个最大的优点是不污染海水，能保护海洋环境。这种风力发电机是漂浮在一个中空水泥船上，它的叶轮机被固定在锚上，以使发电机即使在飓风海况下也能保持稳定。海下电缆把所发的电输送到陆地并联入国家电网。

311. 世界上首座海洋风力发电站建在哪里？

世界上首座海洋风力发电站由丹麦一家电力公司——埃尔克拉弗特公司建造，它是建在离丹麦南部洛兰岛1.5千米至3千米的海域，共建造11座，具备450千瓦的发电能力。尽管建造费用要比陆上发电站高，但埃尔克拉弗特公司认为与陆上风力发电相比，海上的风力发电量要多60%～70%，所以，总的来讲还是很经济合算的。

312. 什么是波浪能？

海洋中的波浪是一起一伏地运动着的，你知道这一起一伏的运动能量有多大吗？有人计算过，1平方千米海面上的波浪能可以达到25万千瓦的功率。在斯里兰卡的海岸上，有一座距海面60米高的灯塔，竟然被拍岸的巨浪所激起的浪花打碎。在荷兰的阿姆斯特丹港附近，海中有一块20吨重的混凝土块，竟被大海浪抛起了7米多高，落到了防波堤上。在苏格兰的海边，有一次巨浪还把1350吨重的巨石，移动了10米多远。你看，海浪有多厉害啊。

那么，海浪这种巨大的力量是从哪里来的呢？归根到底是来自于太阳。太阳驱动了风，而风则是通过大气和海水界面，将它所获得的能量，传递给了波浪。在海洋上，当风速急变、风向骤转时，各个方向的波浪能就汇集起来，特别是当狂风怒吼时，波浪的能量剧增。据科学家的计算,波高每增加1倍,它所蕴藏的能量就会增加4倍。

多年来,海洋学家们一直在寻找一种方法,把波浪能提取出来,用它发电供人类使用。但是,波浪总是一起一伏地运动着,要把这种动能转换成机械能并不那么简单。目前,利用波浪能发电比较有成效的,有英国的萨特尔"点头鸭",日本的"海明号"船型波浪发电装置。人们正期待着一个提取波浪能的综合系统能及早投入运转,因为它既安全又没有污染,而且风和浪都是免费的。

波浪能

313. 能否把波浪变成有用的能量?

其实,早在100多年前,就有人考虑把波浪的能利用起来。科学家们研究发现,波浪的运动在1平方千米的海面上,每秒钟能产生25万千瓦的能量。波高3米、周期7秒的海浪跨过10千米的海面时所具有的波浪能,就相当于一个新安江水电站的电能。

大家知道,我国浙江的新安江电站,安装着66万千瓦的发电机组,利用水的力量,每年平均发出18亿多度的电力,供给华东地区广大城乡使用,相当于每年为人类节省了90万吨煤炭。源源不断的江水,大大降低了电力成本。

因此,科学家们就设想,如果把广阔无垠的大海上的波浪全部转换成电能该多好啊！那时,波浪每年发出的电力将比全人类目前的耗电总量不知要大多少倍呢!

南太平洋地区有个岛国叫新西兰,1975年至1976年的用电量是200亿度,人们计算了一下,认为只需新西兰63千米的海岸所具有的波能就足以供给当时全国的用电量了。而新西兰海岸线却有4300千米长,蕴藏的电能之多,真令人羡慕!

日本的四面也都被大海包围着,有大小3000岛屿,13万千米长的海岸线。它所拥有的波浪能量每年就达10亿千瓦,这个数字相当于日本70年代最高用电量的25倍,因此,日本科学家对利用波浪能研究得最热心。

314. 如何利用波浪发电?

波浪能量如此巨大,自古以来就吸引着沿海的能工巧匠们,他们想尽各种办法,企图驾驭海浪为人所用。因此,波浪能利用研究领域也被称为"发明家的乐园"。1799年法国人吉拉德父子获得了第一个波浪能利用机械的发明专利,现在全世界波浪利用的机械设计数以千计,获得专利证书的也已达数百件。

按工作原理归纳,这些装置大致可分成三类:一类是利用波浪的上下运动,产生空气流或水流,推动涡轮机转动。1910年,法国人布索·白拉塞克在

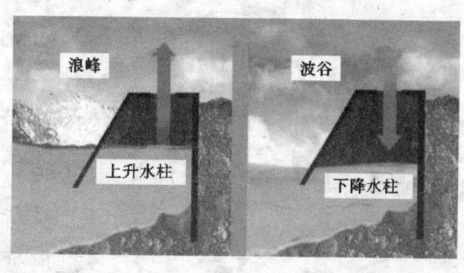

振荡水柱式海浪发电工作原理

其海滨住宅附近建了一座气动式波浪发电站,供应他的住宅1000瓦的电力。另一类是利用波浪的横向运动,让装置随波前后摆动或转动,产生空气流或水流,推动涡轮机转动,如"点头鸭"式波浪发电装置,这种装置吸收波浪能量的效率非常高。还有一类是对波浪进行"整流",把低压大波浪变成小体积高压水,再把水引入高位水池积蓄起来,使它产生一个"水头",冲动水轮机发电,如活塞式波浪发电装置。

315. 活塞式波浪发电装置是怎样发电的?

你一定知道自行车打气筒是怎样工作的吧,活塞式波浪发电装置的工作同它是一个道理。它好似一个倒置着的打气筒漂浮在水面上,活塞连接着浮标,随着波浪的上下起伏,浮标就带着活塞上下运动,于是波浪的动力就转换成了压缩空气的动力,再让这种力气很大的压缩空气从一个喷嘴里喷发出来,使空气涡轮机转动,并且带动着发电机一起转,这样,波浪的能量就变成电了。

日本是世界上最早利用波力压缩空气的方法来发电的国家。目前,日本的海上航标灯和灯塔全部实现了利用波力压缩空气的方法发电。

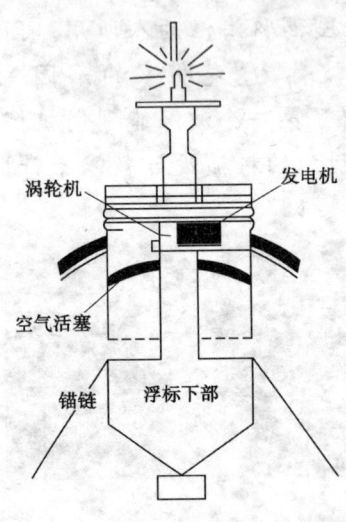

空气活塞式波浪发电装置

316. 世界上波浪能发电技术如何?

早期的波浪发电装置主要集中在海上航标灯的能源供应上,所以海上的波浪能、太阳能等自然能源就成为主要的供电方式。

20世纪60年代以来,一些国家开始研究利用海洋波浪发电的技术,在这一方面日本取得了较为突出的成绩。1974年,日本研制的"海明号"波能发电船长近20米,宽10多米,重达500吨,先后安装了3台两阀式、5台四阀式的冲动式空气涡轮发电机组,每台机组发电功率均为125千瓦。该船投入试验以来,年发电量达19万度,发电成本降到47日元/度,并实现能源从海上到陆地的传送。80年代后,波能发电技术又有了较大发展。1985年,挪威建成当今世界上装机容量最大的500千瓦的波能发电站,年发电达1200万度。同时,还建造了装机容量为350千瓦的收敛槽聚波电站,使发电成本仅为4美分/度至5美分/度。1988年,澳大利亚在西澳大利亚又兴建了一座1000千瓦的商业性示范波力电站,使海上波浪能发电走上了商业化发展轨道。

317. 世界上波浪能电站有多少?

英国和日本是在波浪能研究方面十分活跃的国家。除此之外,美国、瑞典、挪威、加拿大、澳大利亚、印度等也都在波浪能研究方面取得了可喜成绩。目前世界上已有14座波力电站投入运行,还有一些正在试验中。自20世纪70年代世界石油危机以来,许多海洋国家不断投入力量开展波浪能开发利用的研究,目前,小型波浪发电装置已经商品化,大型波浪发电装置也已在研究开发中不断完善,为人类在21世纪大规模开发利用海洋波浪能打下了坚实的技术基础。我国也有一座100千瓦岸式波力电站在广东汕尾市开工兴建。

318. 日本的海上"巨鲸"是怎样发电的?

以开发世界上第一台万米级深海无人探测器而闻名的日本海洋科学技术中心,在1994年设计出利用海洋波力向沿岸流域输送净化海水的海上浮体式波力装置。第一期装置在1995年问世,该装置长60米,宽30米,侧面看像一头鲸,故命名为"巨鲸"。浮体式波力装置从浮在海上长约2000米,深约35米的"鲸"的口中吸取海浪,利用波能在空气室中产生高速气流,使其带动涡轮机,然后通过通道将经涡轮机运转压缩的空气送到海岸附近或海湾内,对海水的上层和下层进行搅拌净化,有如一个大型海水净化装置。另外,旋转的涡轮机使该装置具有发电功能,缺乏石油的地方还可以获取廉价的电力。该装置还有使海域风浪平静的能力,有助于开辟海上养殖场和海水浴场等。

319. 丹麦的波浪发电装置有什么特点?

丹麦的一座65千瓦的波浪能转换装置已经通过海上试验。此装置为一混凝土浮体,是通过电缆与海床上的发电机连在一起。它的浮体重21吨,直径2.25米,在一个重200吨的换能器中运动,换能器是放在海床上的。当活塞向上运动时,海水通过一台涡轮,涡轮驱动一台异步发电机。当浮体处于波谷时,活塞下降,将海水挤入换

能器,海水通过逆止筏后流出换能器。这个装置结构简单,维护方便,容易批量生产,如果在离海岸不远处装一排波浪发电装置,还能保护海岸线,真可谓一箭双雕。

320. 目前世界上最大的波力电站在哪里?

北欧的挪威有漫长的海岸线,其海浪资源每年可提供6000亿度电,为目前挪威水力发电装机容量的6倍。1985年挪威在俾尔根附近海岛上建立了一座装机容量为600千瓦的振荡水柱波力电站,它可称得上是迄今为止世界上最大的波力电站。

321. 英国第一座波力电站的特点是什么?

英国第一座波力电站是于1991年运行发电的。这座波能电站不同于海上波能电站,它的独特之处是依靠天然海底洞谷发电,造价低廉,与一般陆路水力电站差不多。实际上它就是波能起动涡轮机,它

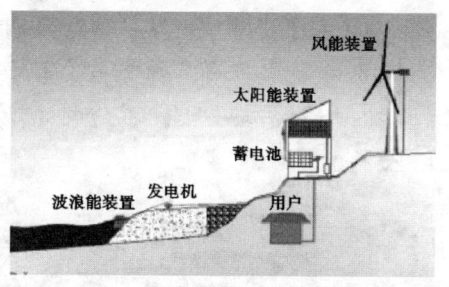

波力发电装置

的工作原理是利用天然海底岩洞、沟谷或人工构造的类似地形与海水作用产生的波能,迫使安装在岩谷上方的一个柱状混凝土合状振动器内的水体作涨落往复运动。这种波能电站除在极其恶劣的大气下不能发电外,其他时间都能正常运转发电。

322. 世界上最大的海浪电站将在哪里建造？

英国和印度两国政府于20世纪末达成一项协议,英国国家实验室负责在21世纪初期在印度建造一座世界上最大的海浪发电站,而印度则负责在马德拉斯以北的恩科雷建起一个大型的综合港口。按照设计,这个海浪发电站将成为港口围墙的一部分,它的发电能力为5000千瓦。这个海浪电站的发电原理是:当海浪升起时,海水涌进港口围墙上的排列孔,使竖井中的水柱升高,压缩空气从竖井顶部的导管排出,竖井中水柱下降,吸入竖井的空气驱动涡轮机发电。

323. 世界上最大的波力发电船是怎样工作的？

1978年6月25日,经过14年的努力,世界上最大的一座波力发电装置"海明号"在日本的海上建成了,它像海上的一颗明珠,日夜不停地把波浪能变成光和热奉献给人类。

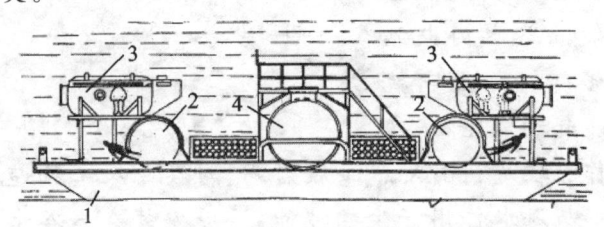

1.浮船 2.压载水舱 3.救生舱 4.居住舱
海明号波浪发电船

远远望去,这座波力发电装置就像一艘泊在海上的油船,严格来说,"海明号"并不是船。船有底,而"海明号"没有底,它是一个长80米、宽12米的浮动设备,仿佛

海洋工程

是一个很大的没有盖的箱子扣在海面上。这种箱子就是空气箱,也叫作空气室。整个"海明号"就是由22个无底箱子组成的。每两个空气室安装着一台空气涡轮机。波浪上下起伏时,不断地压缩箱内的空气,通过高速喷出的空气使空气涡轮机转动,再带动发电机来发电。"海明号"上有11台发电机,总发电能力为2000千瓦。

这种波力发电装置,还有一个优点:它在发电过程中要吸收一部分波浪,把大浪变成小浪,小浪则变成了微波,起到了消波的作用。人们设想,只要把几条"海明号"首尾相连,海上就自然形成了一道人工防波堤。那时候,任凭堤外波涛汹涌,堤内都风平浪静,它不但保护了海岸不受冲刷,还可以发展海洋渔业和海洋养殖业,甚至可以考虑海上工厂和海上机场的综合利用呢。

324. 英国在利用波浪发电的方法上与日本有什么不同?

大家知道,风吹在海面上,海面就会泛起波浪。海浪中蕴含着巨大的能量,海浪冲击海岸时,每平方米的力量可以达到60万牛顿。而利用海浪的力量,去推动发电机发电的设想现已实现,日本人建造的"海明号"波浪发电船就是典型的一例。那么,英国人的波浪发电方法与日本有什么不同呢?

英国人发明的海浪发电装置是一种随波浪起伏而不停摇摆的装置,叫"点头鸭"。它是被固定在一根水平轴上,当海浪袭来时,这些"鸭子"就不停地上下点头,推动旋转水力泵,泵加压于水,水推动涡轮发电机发电,海底电缆把电送到陆地上去。每1米长的滨海区域,这种"点头鸭"平均可发电 30 千瓦至 50 千瓦。如果是 480 千米长的"点头鸭"装置链，所发的电可供给目前整个英国所需要的电能。

英国人正计划兴建一座构思新颖的大型波浪电站，功率为 5000 千瓦。它利用海浪升高时使港口竖井中的水位上升，压缩空气就从竖井顶部的导管中排出，当竖井中的水位下降时，空气被吸入。无论空气排出还是吸入，都能推动涡轮机发电。

325. 集波墙发电装置是怎样工作的？

日本的"海明号"波力发电装置虽然给人们带来了光明和希望，但这种发电方式还是存在着不少问题。它只能利用海浪上下波动的力来发电，波浪越高，所涉及的范围越大，因此，单位面积上这种力就比较小，不利于大规模的发电。更何况这种发电装置还需要长期在海洋中经受狂风恶浪的袭击，必须考虑它本身和一切部件的安全。另一方面，"海明号"即使不怕海上的狂风恶浪，但当海上没有风浪的时候，这种波浪发电装置又怎么能发出电来呢？

为了解决这些问题，科学工作者正在着手尝试直接利用波力发电。而为了直接利用较小的海浪冲击力来发电，就必须把天然的浪头提高，于是人们想出了一个办法，在距离海岸 1 千米、水深 10 米左右的海上筑起两道高墙。这种面向波浪建造的高墙叫集波墙，从高空往下看时，像个"V"字形的喇叭。喇叭口外的海上波浪，虽然有时并不高，但当它涌向集波墙时，就会因喇叭里的端面越来越小,道路越来越窄,使波浪越挤越高。比如说口外的波浪开始只有1米,而到了喇叭的尖头,一下子就会升高10米左右,小波就变成了巨浪。

集波墙的尽头,安装着水泵制动杆,靠高大的波浪力推动制动杆,把海水提升到高压水槽里贮存起来。到了高处的水,就可非常方便地用来发电了,而且这种电力决不会受到波浪高低的影响,发电能力稳定,发电设备也无需经受大风大浪的考验。

但是,直接波力发电装置也有一个让人感到担心的缺点,那就是在波涛汹涌的海面上建造长期受波浪冲击的海上建筑物实在太困难了。因此,随着海洋建筑技术的发展,这个问题必将会解决。

326. 环礁式海浪发电站是怎样发电的?

我们这里所讲的环礁,是礁石的一种,它在海上显现出来的是一个圆圈,宛如沉在海里的一个大木盆,只在水面上露出一个圈儿。

不知你是否注意过这种现象:当我们把水沿着桶边倒进桶里,或者用木棒搅动桶里的水时,就会看到水在沿着一个方向转动,中心部分则成了一个旋涡。

人们在观察海浪冲击环礁群时,也发现海浪并不直接拍向环礁的中心,而是绕着整个环礁从四面八方沿着螺旋形的路线涌到环礁的中心,并且在中心部位形成了涡流,就像用木棒搅过似的。这种涡流也是一种能源,它可以推动水轮机的叶片,使水轮机带着发电机一起飞快转动而发出电来。

美国的两个工程师就是根据这个原理设计了环礁式海浪发电站。这个发电站的形状很奇特,海面上只看到一个圈儿,直径有10米,似乎并不大。当你潜水下去再看一看,那可不得了,水下的部分比海面上看到的要大得多。它像是一个大大的圆形屋顶,又像是一个特制瓷饭碗扣在水里。这个"瓷饭碗"的边,直径100米,相当于一个足球场的大小,它的名字叫"导流罩",它可以更好地把波浪螺旋

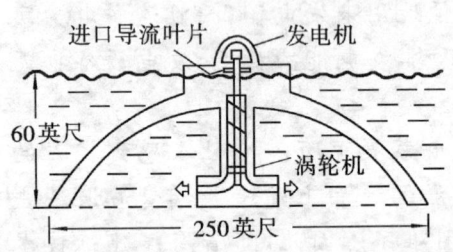

式地导向中心。"碗"无底,立着一根空心的圆筒,足有20米高,圆筒里装着水轮机,它在筒内涡流的推动下转动,再带动安装在顶部的发电机发出电来。通过这种奇特形状的导流罩,人们可以看出,这种发电装置可以全方向工作,也就是说,不论海浪以何种方向进入装置,圆筒里都能产生涡流,水轮发电机都可以正常转动。

327. 怎样利用水下涌浪发电?

前不久,荷兰研制出一种全新的海浪发电装置。这是一种水下涌浪发电装置,就是利用海中涌浪引起的压力变化差进行发电。

因为大多数海浪发电机是漂浮在海面上的,只能够利用大风吹动的阵浪发电,电机的工作时间有限;再就是,海浪发电机受外界影响相当大,海浪小时发电量不足,遭到暴风浪时又容易损坏。荷兰研究发现:水下涌浪

的连续性很大,但它的破坏力却比阵浪小得多,且整个装置放置于水下,不会受到海面上暴风的影响。根据测定,即使在海面10级以上大风、6米浪高的海况下也能够安全发电。这种全新的发电机组,由悬浮在海面以下15米深的两个浮箱组成,浮箱内含有部分空气,浮箱底部是敞开的,海水可以自由进出。当浪峰流过浮箱时,水压增大,海水便会从底部流入

涌浪发电站示意图

浮箱,空气经管道排出浮箱,这时,浮箱的浮力就会减少而逐渐下沉。当浪谷穿过时,浮箱则会上浮。利用浮箱的一沉一浮上下运动,便可以驱动发电机发电了。

　　令人高兴的是,荷兰一家电机制造公司已在葡萄牙沿海建造了可发电1万千瓦的水下涌浪发电站。海洋科学家认为,荷兰的这一行动,可有着深远的意义哪。因为全世界有2万多千米的海岸线可以采用水下涌浪发电装置来发电,按每千米海岸线至少可以发电4.8万千瓦的话,这用之不尽的海浪能,确实可以让人类千秋万代享用。

328. 最初利用波能发电的人是谁?

　　说起海洋波能的利用,人们从内心里要感谢第一个把波能转换成电能的人,他就是摩纳哥国王莱尼厄三世。就是他于1911年把一个大浮筒用链条吊在海面上,链条

一端系在支架上,另一端系上重物。当浮筒随波浪起伏时,链条就会来回拉动,带动水泵蓄水,再用水的落差发出电来。虽然这个发电装置效率不是很高,但他却是第一个"敢吃螃蟹"的人。

329. 世界上第一个商业性波能发电站建在哪里?

摩纳哥国王莱尼厄三世虽然勇敢地走出了人类利用波能发电的第一步,但是,由于发电效率太低而无法产生商业价值,世界上第一个真正有商业价值的波能电站是于2000年11月20日在苏格兰的一座小岛附近开始运行的。该发电厂的生产能力为500千瓦,能供400户家庭照明用电。这座发电厂的投入运行一方面表示了人类向使用绿色电能跨出了一大步,同时也证明了利用波浪能量发电前景可观。该电站可捕获大量的海洋波浪能,使其转换成电能。更重要的是,该电站会以较低成本提供电力。英国政府对此给予极大的重视,希望到2010年,这种绿色电能要占全国总发电量的10%。

330. 怎样利用波能从海洋中提取稀有金属?

瑞典一家公司利用海浪的波能从海洋中提取稀有金属已获得成功。其方法是把平底船抛锚停在海面,让海浪冲入船上的槽池中。槽池中的水受到水压使涡轮机转动,涡轮机同水泵相连接,水泵吸取船下深层的水,海水通过吸附剂时产生电解作用,矿物离子开始聚集,从而提取了海洋中的稀有金属。此种提取稀有金属的方法简单易行、发电成本低,在能出现大波浪的海上均可利用。这是波浪能对人类的又一大贡献!

331. 日本是怎样用波浪能提取铀的？

日本的核能利用一直走在世界前列。目前，日本已建成使用的核电站有33座，发电量达2500万千瓦，占日本总发电量的16.2％。但是，你知道吗，日本是个贫油国家，这些核电站所需的燃料——铀全部依靠进口。到1986年为止，日本已进口铀矿35000吨，到1999年，已增到54000吨。为了不受别国控制，实现铀的自给，日本的海洋工作者很早就盯上了海水中的45亿吨铀，并一直在研究经济可行的提铀方法。

日本海洋研究中心从1983年开始利用波浪能源为动力提取海水中铀的科研课题，并在海浪波力发电船"海明号"上实施。

海水中铀的储量很大，但浓度极小，每千吨海水中只含铀3克左右。因此，提铀过程中需要让大量海水和吸附剂接触，能量消耗很大。日本海洋研究中心的设计方案是：把回收系统安装在大型浮体上，利用波浪的冲击力，让海水不断流过吸附剂表面。最近的试验成果表明：1000吨级的成套设备，需用吸附面积为6700平方米的浮体8座至10座，每座费用30亿日元；吸附材料用3409立方米，每千克800日元，5年报废；每千克吸附剂10天回收铀10克。这样算来，每千克铀成本为8000日元，与国际售价6900日元～7000日元相比较，这项技术基本具备经济价值。

现在仍在研究的问题是，吸附树脂的吸附速度和使用的耐久性有待提高。日本海洋研究中心的人士说，到

21世纪初期,各项技术难关可被攻破,这项工程就可以投产使用了。

332. 我国的波浪发电技术如何?

据海洋科学家计算,我国能开发利用的波浪能达3000万千瓦,20世纪70年代以来,上海、青岛、广州和北京的五六家研究单位就开展了此项研究。现在用于航标灯的波力发电装置已投入批量生产。有的浮标发电装置,已向国外出口,它的技术属于国际领先水平。

我国50千瓦振荡浮子式
波浪能独立发电系统

由天津国家海洋局海洋技术所研究建设的100千瓦摆式波力电站,已在2000年9月在青岛即墨大官岛试运行成功。在国家科技部支持下,广州能源研究所在广东汕尾市建造的100千瓦岸式振荡水柱电站,已于2001年4月正式建成发电。

我国波力发电虽然起步较晚,但发展却很快。微型波力发电技术已经成熟,小型岸式波力发电技术也进入世界先进行列。虽然我国波浪能开发的规模仍远小于挪威和英国等国,但中国人是有志气的,在技术上成熟后,规模的扩大也只是个时间问题。

333. 海洋中谁的能量最大?

你知道海洋中谁的能量最大吗?有的人认为是台

风,因为台风经过之处,无所不摧;有的人认为是海浪,它能掀翻万吨巨轮;其实,这些都不对,海洋温差能才是海洋中首屈一指的大力士呢!你知道它有多大吗?它的发电能力是 40 万亿千瓦。科学家们估计,全球热带海洋的水温只要下降 1℃,就能释放出 1200 亿千瓦的能量。日本的科学家更是一语惊人:"只要把日本海域内的热能利用起来,可以够 24 个日本同时使用,而不需要消耗其他任何形式的能量。"

334. 怎样利用海洋温差发电?

我们知道,在海洋中温度的分布并不均匀,就它的垂直分布来说,通常是表层水温较高,深度越大水温越低。我国南方海域,夏季表层海水温度可以达到 30℃,而在 40 米至 50 米深处,水温便降到 10℃ 以下,温差达到了 20℃。东海黑潮流经的海面,表层水温常年保持在 25℃ 左右,而 800 米深处,水温则常年低于 5℃,温差也有 20℃。海洋表层水温与深处水温的明显差别蕴含着巨大的热力位能,人们可以把这种位能转换成电能供人们使用。

巨大的海水温差发电装置

那么,人们是怎样实现温差发电的呢?原来,人们是借助一种工作介质,使表层海水中的热能向深层冷水中转移,从而作功发电的。例如使用低沸点的二氧化硫、氨或氟利昂做介质,它们可以在表层温水热力作用下汽化、沸腾,吹动透平机发电,再利用深层冷水把工作介质凝结成液态。如此循环不息,就可以使发电机周而复始地运行。

　　海洋温差发电最大的优点是能量资源大,能量来源稳定可靠,不受时间和气候限制,不存在间歇性等问题。由于海洋温差能开发利用存在着巨大潜力,当然它就会受到各国普遍重视。目前,美国、日本、法国、比利时等国已经建成了一些海洋温差能电站,功率从100千瓦至5000千瓦不等。上万千瓦的温差电站也在建设之中。据估计,在多种海洋能发电方式中,海洋温差发电最终将超越潮汐发电和波浪发电而居领先地位。

335. 谁第一次实现了温差发电?

　　1881年法国的物理学家德尔松瓦首先提出,海洋的温差可以利用,可以从这种温度的差异中设法提取有用功,为人类发电。然而,科学的征途总是那么曲折坎坷,这个大胆的设想因为当时的技术条件不够没能实现。就像金石沉入大海,这位科学家的设想,竟然被淹没了接近半个世纪。45年后即1926年冬,德尔松瓦的学生、法国科学家克劳德做了一个有趣的实验,进一步证实了温差发电的可行性,实现了他老师的夙愿,找到了开启利用海洋热能的钥匙。克劳德是名副其实的温差发电第一人。

336. 克劳德是怎样实验的?

　　我们知道,水有这样一个特性:压力不同时,沸腾的温度也不同。当空气的压力降到四十三分之一个大气压时,水温只要20℃就沸腾起来了。如果再使气压下降,降到一百七十二分之一个大气压时,即使是冰块也会开锅似地沸腾起来。

法国科学家克劳德的实验就利用了水的这个特性。他用两只25升的烧瓶,一瓶放28℃的温水,代表表层温热的海水;另一只烧瓶装入冰和水的混合物,代表深层低温的海水。在连接两只烧瓶的一段粗玻璃管中,安装着一台制作十分精巧的汽轮发电机,这就组成了一个封闭的发电系统。克劳德在实验系统里安装了一台抽气机,他把实验系统里的空气不断抽出,使里面的气压不断减小。当气压下降到二十五分之一个大气压时,奇迹出现了:28℃的温水猛烈地翻滚沸腾起来。水蒸气越来越浓,强大的气流把汽轮发电机冲击得"呼呼"飞转,霎时间,连接在电路中的三盏电灯"刷"的一下子亮了起来。终于,海水温差发电的设想变成了看得见摸得着的事实。

337. 世界上第一座温差电站是由谁建成的?

1916年,克劳德在实验室里第一次证明了温差可以发电。又过了4年即1920年,克劳德来到古巴海滨,按照他实验的方法建造了世界上第一座海水温差电站,并获得了10千瓦的输出功率。尽管输出功率很小,但却为人类以后利用温差大规模发电奠定了基础。遗憾的是这座电站没多久就垮了,它带着当时人们无法解决的一系列问题永远地沉入了海底。

338. 温差发电究竟碰到什么样的难题?

在克劳德实验中,人们发现,降低气压确实可以使低温的海水沸腾汽化起来,但这时,水蒸气的体积会猛增几万倍,使汽轮机和管道等设备的尺寸显得非常笨重庞大。这就给建造大型温差发电站带来了很大困难。

1948年,法国在非洲的象牙海岸建造了一座7000千瓦的海水温差发电站。这座电站比在古巴建造的那座大多了,不过,带来的问题也比想象的要大得多,这座电站仅实验了两年,就停止了工作。

科学的道路不是一帆风顺的。又经过了无数个日日夜夜的奋斗,直到后来美国的安迪生父子提出一种崭新的设想,才又给海水温差发电尝试打开了新的局面。

339. 安迪生父子的伟大创举是什么?

1966年,美国的安迪生父子提出让"海水告老退休",由"怕热"的液体来代替海水的设想。这是什么意思呢?

原来,在这以前那种让海水沸腾的方法太麻烦了。发电时要保证整套系统的密闭性,使抽气机有效地工作,另外还因为产生的蒸气压力低、温度也低,发电机的工作效率也很差。

安迪生父子提出的想法是用一种怕热的液体代替海水,利用表层海水的热量,把怕热的液体"煮沸",再利用这种液体产生的蒸气来发电。

那么,谁是我们需要的怕热的液体呢?氨、氟利昂、丙烷、丁烷都是。它们的特点用两个字就可以概括——怕热!比如正常压力下的氨,沸点温度只有零下33.3℃。即使在滴水成冰的严寒地区,它也是不煮自沸,"咕嘟咕嘟"地翻滚不停。

用这种怕热的气体来代替水蒸气的设想实在是太妙

了。这样所获得的氨蒸气或其他蒸气,虽然温度较低,但压力却很大,它提高了汽轮机进汽和排汽之间的压力差,这样汽轮机的工作效率就能大大提高。从此以后,温差发电的开发研究焕发了新的青春。

340. 世界上第一座有实用价值的海洋温差电站建在哪里?

1979年8月2日,安迪生父子的设想提出13年后,美国夏威夷海面上一座具有实用价值的海洋温差电站开始发电了。这座电站安装在一艘改装的海军驳船上。海面上25℃左右的热水被抽到一个热交换器中,热交换器里只有一根弯弯曲曲的管子从这儿通过。管子里就是低沸点液体,它们在热交换器里吸收了表层海水的热量变为具有一定压力的蒸气,这些蒸气就推动汽轮发电机组发出电来。

这艘用来发电的海军驳船的附近,还有一个浮标,浮标上悬挂着一根直径有60厘米的塑料管。量量它的长度,足有660米以上,比消防队员用的水管子还要长得多。那么,这根管子是干什么用的呢?它的任务就是把深层的冷海水引出来。深层海水温度一般只有5℃左右,这种冷水可以把低沸点液体的蒸气再凝结成液态,然后再送入热交换器开始另一个循环。

夏威夷海洋温差电站

夏威夷海面上的这座海洋温差电站的发电能力为50千瓦。50千瓦的电力，除了把船上所有的实验系统开动起来，剩下的只够点亮9只500瓦的灯泡和1台电视机，再多就无能为力了。所以有人说，它简直像个大玩具，或者，它还只是未来海洋温差发电站的一个小小试验台。

尽管夏威夷海面上的这座海洋温差发电站还是属于试验性的，但一旦试验成功，比它大千倍甚至万倍的温差电站立刻就会像雨后春笋般飞速发展起来。没有敢想敢干的科学家，哪会有世界今天的进步呢！

341. 国际上温差发电的现状如何？

美国很重视海洋热能发电技术的开发研究。自1979年建成50千瓦漂浮式海洋热能转换装置之后，1982年，美国开始执行第一个海洋热能发电站试验计划。美国设计的一座4万千瓦的海洋热能电站，已于1992年投入运行。

日本对海洋热能发电研究工作也不甘示弱。继1981年在太平洋瑙鲁建成一座100千瓦海洋热能电站之后，它又于1990年在鹿儿岛县冲良部岛和泊镇建成1000千瓦级海洋热能电站，一跃成为目前世界上最大的实用型海洋温差系统装置。它还计划建立一座2500千瓦的商用海洋热能电站。

此外，英国、法国、荷兰、芬兰、比利时等国的工程技术人员也在从事海洋热能发电技术的开发研究：芬兰和比利时从20世纪80年代初开始研究陆基小型海洋热能发电技术,瑞典从1983年起着手研制1000千瓦海洋热能电站方案设计;英国在1983年开始研究浮动式闭路循环的海洋热能发电技术,并对系统和动力响应、热交换器的设计和经济性进行评估;法国在太平洋塔希提岛建设的陆基海洋热能发电站发电功率为5000千瓦。人们已经预测,在21世纪初期,全世界可能有上千个海洋热能发电装置问世,其中50％的发电功率在1万千瓦以上,10％的发电功率将达到10万千瓦以上。

342. 中国的温差能资源情况如何?

我国领土分布在热带、亚热带和温带之间,东海、黄海水温都比较高,南海水温更高,表层水温平均都在27℃以上,最高时还可以达到36℃以上,几乎相当于人的体温。

南海的面积很大,比渤海、黄海、东海的总面积还要多出3倍,是我国未来海洋温差发电的主要海域,这里有丰富的海洋热能资源等待着我们去开发,去利用。

海洋水温昼夜之间的变化不大,无论是白天还是夜晚都可以正常工作。因此,温差发电方式比太阳能发电还有更广阔的发展前途。

343. 如何使冰洋盛开"能源之花"?

极地世界,白雪皑皑,与赤道附近温热的海面相比简直有如天壤之别。这里的太阳光总是那么懒洋洋地,即使在有阳光照射的地方,也感觉不到太阳光的炽热。这里冰天雪地,终年酷寒,似乎是开发能源的禁地,但最近人们已经想出了让"冰洋盛开能源之花"的办法。

科学家利用"雪被"能保护小麦温暖过冬的原理,对冰层做了研究。他们发现,冰层像厚厚的"棉被"平铺在海洋上。尽管"被子"上面是零下几十度的酷寒,但其保护下的海水却常年保持着零下1℃至零下3℃的温度。冰层上下这悬殊的温差,给开发极地冰洋的能源带来了希望。

人们设想,在冰下"温暖"的海水里放置一套闭合管路系统,使管路里装着的低沸点液体沸腾汽化,蒸气推动汽轮发电机,电力就可以输送出来了。发过电的余气继续向上,遇到冰上的极低温度又变成了液体返回,这样反复循环,电力也就一直不断了。你看,这种发电方法是不是与美国夏威夷海面上的温差电站一样呢?此外,冰洋电站还有着它特殊的优越性,这种电站冷热源的距离仅仅是一冰之隔,最多不过几十米,这就大大缩短了管道的长度,不必像夏威夷那座温差电站,得用660米长的管子把深海的冷水吸上来。管道缩短了,也就节省了造价。

现在,冰洋电站虽然还在设计之中,但它已为人类展现出开发利用地球两极资源的美好前景。

344. 怎样给极地冰山"搬家"?

我们已经知道,南极是世界上最大的淡水库。有人估计,这里的冰山大约有22万座,是北冰洋水域冰山数量的5倍。拖运冰山到严重缺水的干旱地带,对人类来说是一件大好事。科学家们计算过,即使是一座中小型的冰山,也有几亿或者几十亿吨重。这么重的冰山,即使用世界最先进的拖轮来运也很困难。

海洋工程

最近,美国发明家约瑟夫·科纳尔兴奋地向人们宣告,他已经找到了搬运冰山的妙法。他可以不用船、不烧油,顺利地把冰山从遥远的海洋弄回急需淡水的地方。不用拖船,用什么把冰山拖来呢?这倒使人们好奇起来。因为人们计算过,如果从南极把一座中型冰山运到沙特阿拉伯,需要10条船,耗费4亿升燃油。如今什么也不需要了,难道冰山能自己飞过来吗?

原来,他采用的仍然是温差产生动力的原理。约瑟夫设想在冰山一端装上蒸汽涡轮推进器,利用冰山与周围海水之间的温差把冰山推走。因为冰山底下的海水温度要比冰山本身高11℃,这个温度足以把液态氟利昂变成气体;受热膨胀的气体压力就可以把发动机推动,冰山也就会像一条轮船一样自己行驶起来。只要在冰山里钻洞埋管,气态的氟利昂就可以送入冰山深处,靠那里的低温再使氟利昂重新凝成液体,继续循环使用。

约瑟夫算了一笔账,只要有12个氟利昂动力系统,由40名机组人员操作,就足以推动一座冰山了。约瑟夫的主意实在是妙,他解决了拖运冰山的大问题。但是,人们仔细想想,还是觉得不妥。因为冰山肯定是由寒带向热带拖,那么,这中间就有个融化问题。开始冰山在极地附近融化很慢,可是一到热带海洋融化就加快了,一天要融化掉2.5米厚。这样,还没等运到目的地,冰山几乎全化在海水里,那岂不是白费工夫!有人曾设想给冰山做一件塑料薄膜外套,把冰山包起来,但冰山那么大,要把它包起来谈何容易啊。

所以,给极地冰山"搬家",目前还只是一个设想。世界上许多科学家正在为实现这个设想绞尽脑汁呢。

345. "兆功率"塔能建成吗？

荷兰的科学家弗兰克·霍斯打算开发海上新能源。这种能源听起来好像有一点异想天开，似乎是一座海上的空中楼阁。

这项计划的名称叫"兆功率"。霍斯的想法是很吸引人的。他打算在温暖的海上和高空大气层0℃以下的寒冷空气之间，寻找蕴藏着的能源。

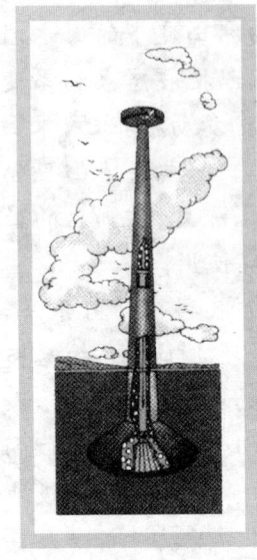

他认为，海洋和大气之间是一部天然的大型空调器。如果人们能够从技术的角度利用这部空调器，让这些气象变化在一座足够大的塔内进行的话，人们将看到地球上的大气是这样循环变化的：海水在太阳的照射下蒸发，变成无形的水蒸气升腾到空中，在那里，它们成云致雨，最后，它们变成雨滴，以雨和雪的形态降落地面。

他设计的"兆功率"塔，高度为5千米，直径为50米，计划建在距北海海岸大约30千米的一个浮动的船坞上。塔内充满了丁烷气，这种气体由于受到海洋热量而蒸发，以时速180千米向塔尖冲去。塔尖上是一层零下10℃至零下35℃的霜，气体冷却之后就开始液化。它通过中心一根竖管直泻入底层。在底层安装涡轮机，它的发电功率为7000兆瓦,这大约相当于五六个核能发电厂了。

这座具有如此巨大发电能力的塔,它的结构应该相当坚固,不然就不能承载。塔身三面计划用8千米长的粗大的钢丝固定,四周紧绑4个漂浮式流速仪的椭圆形氢气球,它们的浮力将减轻塔身对塔底的压力。这座建筑物有40万吨重,因此,这个漂浮体的直径必须在360米至900米之间。

设计人员还对塔壁的可靠性进行了模拟试验,证实了它足够坚固,能经受北海大风的考验。要是人们把这座"兆功率"塔的幻想变成现实,那将是一种多么可观的海上新能源啊!

346. 一举两得的美国海水淡化和发电站是什么样的?

美国的科学家们发现了海水利用的新途径——发电和提供淡水。这个项目名为"海洋热能转换"的新技术目前正在夏威夷进行实验。首先将温度在26℃左右的来自热带海洋的表面水抽进一个真空室里,室内压强仅为大气压强的1%。由于超低压,有1%的海水会急剧转化为蒸汽,这样一台汽轮机就会被驱动而将蒸汽冷却,从而得到了无咸味的新鲜淡水。据研究人员说,此项技术是非常可行的。它可有效地解决沿海城市和岛屿电力紧张及水源不足的大问题。一座10兆瓦的工厂每天能生产大约500万加仑(英制,1加仑=4.546升)的淡水,足够为一个拥有1万至2万人的城市同时提供电力和水源。

347. 神奇的海洋盐能到底有多大?

人们在化学实验中发现了这样一种有趣的现象:假如我们把两种浓度不同的盐溶液倒在同一个容器中,那么,浓溶液中的盐类离子就会自发地向稀溶液中扩散,直到两者浓度相等为止。有意思的是,稀浓两种溶液的自发混合过程中还会放出相当多的能量。有人通过精密的计算后发现,17℃时,若有1摩尔盐类从浓溶液中扩散到稀溶液中去,就会放出5500焦耳的能量来。

这个计算结果,像一针兴奋剂,使科学家们振奋起来。他们设想,只要有大量浓度不同的溶液可供混合,就可以释放出巨大的能量,那时,人类将会增加一种新的能量来源——海洋盐能。这真是一个大胆而又富有吸引力的设想!人们经过进一步计算发现,如果利用海洋盐分的浓度差来发电,它的能量大约是1.4万亿千瓦,比海洋中的潮汐、波浪和海流的能量都大。如果说海洋温差能被誉为海洋能量冠军的话,那盐差能就是亚军了。

348. 在哪里可以获得稳定的海洋盐能?

科学家们在实验室里发现了盐度差的确包含着巨大的能量,如何将这种能量转化成对人类有用的电能来,那可不是一件容易的事情。溶液间的混合,常常是很快就完成的,混合过程中释放的能量也是短时间的,这就要求我们找到两种能够长期保持一定浓度差的溶液,它们既能持续不断地进行混合,不断释放能量,而它们的浓度却又永远不会相等。

到哪里去找这种理想的溶液呢?科学家们经过苦心

研究最终给出结论:"到海边去!目标就在河流入海处!"河流入海处又叫河口,它是利用海洋盐能最理想的地方。大多数河水都是含盐不多的淡水,而海水却含有大量的盐分。所以,河流入海的地方,就必然形成相当大的盐浓度之差。

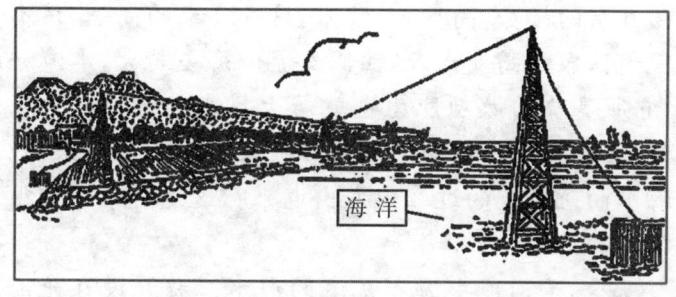

利用盐度差发电

尽管在人们还没有想到利用它的时候,这两种不同浓度的水溶液就一直自发地混合着。江水绵延不断,两种浓度的液体总是在河口不停地混合着。当然,混合过程所释放的能量,也白白浪费掉了。

科学家根据化学上浓差电池的结构原理设想,如果选择适当的材料做成两个巨大的无机盐离子敏感电极,一个浸在源源不断的河水中,另一个浸在咸腥苦涩的海水里,两个极板间再用导线构成回路,这样,一座大型的浓差电池就制作成功了。这时,海水与河水混合过程中放出来的能量就转变成强大的电流,给人们提供了用之不竭的能量。

349. 为什么说死海不会死?

我们知道死海是高盐度而且四周封闭的海,像这样的海,如果没有人为因素,那它早晚必死无疑。那么,死海为什么不会死呢?

原来,死海有个既宽又大的邻居,叫地中海。地中海是名副其实的海。它不但宽大,也比死海高得多,它们两个海平面相比,地中海要比死海高上 400 米。想想看,一座高 6 层的楼房,高度才 20 米,这 400 米的高差,该有多壮观啊! 人往高处走,水往低处流。落差越大,水流就越急,它所具备的做功能力也就越大。能不能把地中海和死海沟通,把两个水面之间的 400 米落差利用起来,让地中海水向死海流的过程中发出电来? 这是科学家们很久前就有的想法。

如今,沟通地中海和死海的引水工程和设在死海边上的水电站工程已经建成了。它不但能发出 60 万千瓦的电力,还能改善死海的环境,让因蒸发而逐渐降低水位的死海恢复青春。可以预见,多年之后,死海的上空将艳阳高照,海面空气清新,海水不再那么咸,周围也不再缺少生气,死海将成为美丽的旅游胜地。对于考虑利用盐能的科学家来说,沟通地中海和死海的引水工程自然也给他们带来了美妙的信息。因为死海的含盐量比地中海高得多,如果在这里也建上一座盐分浓差发电站的话,它的发电能力甚至比那座水电站还要高呢。

350. 海流的能量有多大?

有时看起来貌似平静的海面其实一点也不平静,它的海面下有巨大的海流在运动。大家一定听说过大海漂流瓶的故事吧,漂流瓶之所以能够从美国漂到中国,就是因为海流充当了"邮递员"的角色。海流是联系世界各大洋的纽带,虽然人们肉眼不容易看到它,但它却是个力大无比的大力士,川流不息的海流蕴藏着巨大的能量。

就说太平洋的"黑潮暖流"吧。这只海流可比陆地上的河流大得多,是世界上著名的海流之一。人们经过观测发现,它的宽度达 180 千米。黑暖潮流的厚度也很可观,平均厚度有 400 米,平均日流速是 55 千米至 148 千米。黑潮在台湾东部的厚度达 700 米左右,两个摩天大楼叠在一起放下去都会遭到没顶之灾。它输送的水量就更大了,把全世界所有河流的流量加在一起还远远赶不上黑潮的流量!

如此巨大的"海中之河",其所具有的能量简直大得惊人。有人估计,世界大洋中所有海流的总功率在 10 亿千瓦以上,其中最便于利用的强海流功率也在 500 万千瓦以上。可见,海流对于人类来说也是一种不可忽视的动力能源,利用它推动水轮机转动,就可以带动发电机为人类造福。而且,利用海流发电要比陆上的河流可靠得多。那几乎常年不变的水量和恒定的流速,能可靠地为人类提供大量的电力能源。

351. 世界上海流能发电的研究现状如何?

美国、日本、加拿大等国在海流能发电技术的研究开发领域走在世界前列。美国为开发墨西哥湾流能量,在 20 世纪 70 年代曾提出利用湾流发电的"科里奥利"方案,1986 年曾对水流发电装置进行过海上试验。日本在 20 世纪 80 年代初开始研制小型潮流发电装置,并在今治市的末岛海峡进行过试验,据专家们分析,它是可行的。但到目前为止,海流、潮流发电技术仍处于现场试验阶段,并未取得实质性的突破。如何更切合实际、更加有效地使海流为人类造福,是当前科学家们研究的课题。

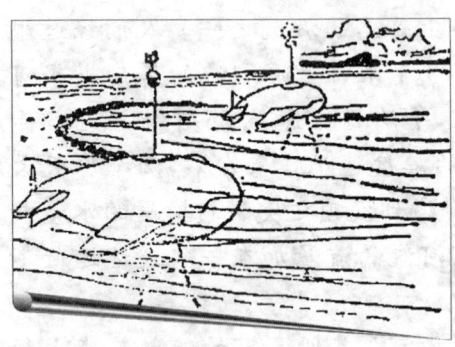

我国潮流发电研究始于20世纪70年代末,首先在舟山海域进行了8千瓦潮流发电机组原理性试验。20世纪80年代一直进行立轴自调直叶水轮机潮流发电装置试验研究,目前正在采用此原理进行70千瓦潮流试验电站的研究工作,舟山海域的站址已经选定。我国已经开始研究建设实体电站,在国际上已居领先地位,但尚有一系列技术问题有待解决。

352. "密西西比河上的驳船"是干什么的?

几十年来,世界上许多国家的科技人员已设计和试验了许多种海流发电的装置。他们已经不满足于小规模地利用海流资源了,他们要把海流资源的利用推向一个新的阶段,使海流最终登上世界能源舞台,为人类造福。美国就考虑了一种可以充分利用海流发电的方法。这种海流发电站很像19世纪密西西比河上的驳船。驳船的两侧各安装几台螺旋桨水轮机,老远看上去,好像古代的大马车开到了河里一样,只见大轮子转动,却不见车厢前

海洋工程

移一步。

滔滔不绝的海流,使驳船两侧的水轮机不停地转动着。虽然,那老大老大的水车转动得非常慢,像老牛拖破车似的,一分钟才转一圈,但这并没有关系,只要通过一套变速装置,它可以叫发电机以每分钟1000转的高速飞快转动起来。

发电机欢唱,电就有了来源。驳船上发出的电力将通过海底电缆传输到海岸上供人们使用。许多人一定关心这种装置的发电能力有多强,说起来还真难以置信,一艘这种海流发电船的发电能力为5万千瓦,足以供给一个20万人口的城镇居民生活用电。

更有意思的是,既然是船,就可以在水里移动,所以,大风来临时,它可以驶到附近的港口去。在避风港里避避风,免得狂风恶浪把海流电站给打坏了。

353. 纳基那岛和巴兰岛之间如何通信?

印度尼西亚有两个小岛,一个叫巴兰岛,另一个叫纳基那岛。这两个岛上的居民之间通信,从来不用邮递员,他们靠瓶子和海流传递信息。一封信从这个岛上扔到海里,只要一天一夜的工夫,准能到达另一个海岛上。这是什么原因呢?因为有一股环流总是围绕这两个岛屿流动着。

现在有了海流发电船,人们设想,只要在这股环流里放上一条"船",那么,它所发出的电力就可以供两个岛上的居民使用了。

354. 怎样把世界第一暖流的能量利用起来？

墨西哥海流是世界第一暖流，蕴藏着相当大的能量。科学家早就对墨西哥湾海流的利用发生了浓厚的兴趣。他们设想把水轮机做得很大，这样巨大的水轮发电机被强有力的海流推动着，一台就能发出7.5万千瓦的电力。科学家算过，如果在这条世界第一的暖流里装上250台机组，容量就能达到1875万千瓦，每年所发的电，可以为火力发电节省1.3亿桶石油。需要说明的是，海流发电所

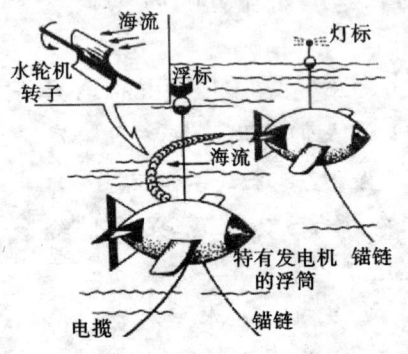

花环式海流发电站示意图

有的原料，是常年流动的海水，既不要钱，又不会像火电站那样产生浓烟和灰渣污染环境，充分显示了它的优越性。

355. 日本海流发电的设想是什么？

黑潮暖流是仅次于墨西哥湾海流的世界第二大暖流。这股蓝得发黑的海水，经过日本九州南面的吐葛喇海峡流出东海进入太平洋，再沿着日本列岛向东北方向流去。黑潮暖流既宽又厚，仅流速在每秒一米以上的部分就有30千米宽、300米厚。这股流动的水在每平方米面积上所具有的动能，一年为1700千瓦小时。乍一看，这个数字并不大，但如果我们把30千米的宽度都利用起来，这个电力就很可观了。你知道有多少吗？足足是153

亿度！这个数字实在惊人。

我们知道，日本是一个能源贫乏的岛国。为开辟新能源，日本的科学家们盯上了黑潮暖流。为了使黑潮做功，日本的科学家设计了一种圆筒形的水轮机，把它锚系在海底，水轮机在海流的冲击下转动，再带动发电机，电就发出来了。

356. 法拉第的梦想是什么？

日本的科学家们最近发明了一种新的海流发电技术，叫作使海流通过强磁场而发电的技术。这个新技术的原理并不新鲜，它就是19世纪英国的化学家和物理学家法拉第发现的磁感应的定律。

法拉第发现磁感应定律后，曾设想利用地磁使海流发电，只是由于当时不能产生足够大的磁场，一直没有实现他的愿望。

如今，随着科学技术的发展，超导磁体的面世，法拉第梦想的强磁场已有可能形成，通过强磁场使海流发电的技术也就有了希望。因此，日本研究组的人提出，只要用一个31000高斯的超导磁体放入沿日本东海岸流动的黑潮海流中，就可以产生1500千瓦的电力。

这可是一个诱人的消息。有人索性畅想开了，他们说这个研究一旦成为现实，就可以在黑潮中建立一座人工岛，在那里不但可以看到蓝黑色的海中之河，它还可以作为大型磁场海流发电的电站基地呢。

其实，更美的事还在后头呢。这种海流发电的过程中，电流通过海水，还会使海水电解产生氢，这又获得了一种清洁的能源。

357. 海洋压力能有多大？

你听说过吗？行人和车辆的压力也能发电，这项发明还在英国获得了专利权呢。它是利用水难以被压缩的特点，在公路的人行道和桥上铺设具有弹性的板条，板条下面是装满水的水槽。每当行人或车辆通过时，板条就会因受压而下陷，压动水槽中的水沿着液压干线流向液压发电机。行人和车辆不断，弹性板条不断运动，水流就不断冲击发电机的飞轮旋转，电也就源源不断地流出来了。虽然这种发电方法在实际使用中有一定的难度，但却给有志于开发海洋能源的人们带来了有益的启示。

当海水表面所受的压力是一个大气压时，海面以下每深 10 米，海水将增加一个大气压力，那么，在水下 2000 米处，水体所受的压力将达到 200 个大气压。也就是说，在这个地方一个平方厘米的面积，即指甲盖大小的面积上，也会受到 2000 千克的压力。

如此巨大的压力，我们能不能加以利用呢？这正是科学家们关心的问题。世界海洋的平均深度达 3600 多米，如果能把海洋深度差的能量利用起来，那种前景同样十分美好！

358. 第一台海水压力差原动机哪一年研制成功？

早在 1914 年就有人提出利用海水压力差的方案，但直到 1970 年在英国召开的海洋工程国际会议上，有人再次发表有关海水压力差利用的文章，才引起人们的兴趣。1973 年，美国试制了第一台海水压力差原动机，并成功地进行了试验。实际上,海水压力差不仅可以直接驱动机械装置如海底钻探机,也可以驱动发电机发电。海水压力差遍及整个海洋,越是深海能量就越大,而且相对来说,它比海底其他资源的利用要简单一些,很有希望成为来自海底的重要能源。

359. 怎样利用不用燃烧的天然气发电?

前苏联科学家已经发明了一种分离海水与可燃性气体的新技术,根据这一技术,前苏联已在黑海边建起了一座热电站,利用从海水中分离出的天然气发电。在这个热电站中,从海底抽上来饱含天然气的海水就像刚开瓶的香槟酒一样,里面的天然气迅速被释放出来。回收净化后温度约9℃的海水用冷凝器冷却,然后驱动水力涡轮机发电。这种热电站运转所消耗的能量只占发电能量的20%。

编后记

世界的未来是青少年的,而世界未来的希望在海洋。21世纪的今天,世界已经进入全面开发和利用海洋的新时代。

在我国青少年中全面、系统地开展海洋知识的普及教育,以适应国际形势变化的需要和未来人类社会发展的需要,是我们当代海洋科技教育工作者的责任和义务。有感于此,我们来自国家机关、高等院校、科研院所、军事机构等40多位海洋科技工作者,花费了三年多时间,精心策划并编撰完成了我国有史以来第一部海洋知识体系最完备、内容最全面的科普图书。

《海洋小百科全书》共20分册,300余万字,110个知识大类,总7000余个知识问答,几乎涵盖了海洋自然科学、海洋人文科学、海洋军事科学的全部基本内容。本书第一版由中国少年儿童出版社于2002年5月出版,2003年9月荣获由中共中央宣传部等国家7个部门联合颁布的"第五届全国优秀科普作品奖科普图书类三等奖"。本书于2007年10月修订再版,现再次修订,由中山大学出版社出版。本次修订在保持原有知识体系和编写风格基本不变的情况下,除进行必要的知识内容更新外,又新增加了《海洋经济》分册,使《海洋小百科全书》的知识体系进一步完备,知识内容更加丰富。

本书自2002年5月出版至今,一直得到社会的普遍关注和广大读者的厚爱,在此,一并向曾经对本书编撰、出版、发行、修订等作出过贡献的人们表示衷心的谢意。

由于本书涵盖的知识内容宽泛,编写任务十分繁重,难免有知识遗漏和编写不当之处,欢迎广大读者提出宝贵的意见和建议。

《海洋小百科全书》主编:关庆利
2010年9月24日

《海洋小百科全书》分类目录

(20分册·110类)

1 海洋地理
　　海洋地理大观
　　世界海岛揽胜
　　海洋地理趣闻
　　奇妙海底世界
　　海洋地质灾害
　　神奇中国岛岸

2 海洋水文
　　多姿多彩的海洋
　　海水的自然神韵
　　海洋与人类互动
　　探测海洋的波脉

3 海洋气象
　　走近海洋风暴
　　探寻海洋天气
　　感受海洋冷暖
　　变换海洋风雨
　　领悟沧海桑田
　　俯观海气轮回

4 海洋探险
　　古代海洋探险
　　近代海洋探险
　　现代极地探险
　　环球海洋风采

5 海洋航运
　　船舶千秋史话
　　航海妙趣万千
　　惊涛铸造奇闻
　　中国航运今昔
　　船运业务趣谈

6 极地科考
　　挑战人类的环境
　　不可争夺的领土
　　南极人的生活
　　南极生物奇趣
　　揭开奥秘的考察
　　北极世界的探索

7 海洋生物
　　无限生机的海洋
　　迷人的海洋奇葩
　　璀璨的贝类明星
　　威武的虾兵蟹将

微小的海洋居民
　　多彩的海洋植物
8　海洋动物
　　奇妙的动物家族
　　高超的生存技巧
　　神秘的自然之谜
　　复杂的生存关系
　　多彩的情爱生活
　　狰狞的危险动物
　　友善的人类朋友
9　海洋渔业
　　千姿百态捕鱼技术
　　海洋渔业发展史话
　　名贵海产品趣味谈
　　海产品美食与营养
　　海产品保健与药用
10　海洋化学
　　海水的趣味故事
　　海水的化学秘密
　　海水的化学资源
　　无尽的海底宝藏
　　流泪的海洋环境
11　海洋物理
　　妙趣横生海洋物理
　　威力无比海洋声学

　　奇光异彩海洋光学
　　探索海洋高新技术
　　四通八达海底电缆
　　准确无误导航技术
12　海洋工程
　　人类水下生活
　　探索海底世界
　　雄伟近岸工程
　　海上铸造希望
　　港口飞架彩虹
　　旅游方兴未艾
　　无尽海洋能源
13　海洋科教
　　著名的海洋科学家
　　世界海洋科技之最
　　重大海洋科学考察
　　世界海洋科研教育
14　海洋权益
　　蓝色的海洋国土
　　繁杂的海域划分
　　激烈的海洋争斗
　　独特的海运规则
　　严格的船舶管理
　　复杂的海事纠纷
　　神圣的海洋权益

15 海洋经济
　　海商奠基帝国兴起
　　追寻民族海商踪迹
　　当代海洋经济概览
　　日新月异朝阳产业
　　夯实蓝色经济基石

16 海洋文学
　　中国古代海洋文学
　　中国现代海洋文学
　　外国古代海洋文学
　　外国现代海洋文学
　　中外海洋影视文学

17 海洋文化
　　海洋神化故事
　　海洋语言文字
　　海洋绘画名作
　　海洋雕塑艺术
　　海洋音乐经典
　　海洋民俗风情

　　海洋著作学说

18 海军兵器
　　凶悍的汪洋猛鲨
　　奇妙的掠波剑鱼
　　神秘的龙宫巨鲸
　　无敌的长空雄鹰
　　未来的海战新秀
　　难忘的千年风流

19 古今海战
　　古代海战追踪
　　近代海战掠影
　　"一战"群雄争霸
　　"二战"邪灭正兴
　　现代海战大观

20 海洋军事
　　海军兵力纵横
　　海军礼仪风采
　　海军名人传奇
　　海军趣闻轶事